Natalya Pertaya-Braun

Kai-Felix Braun

Ein anderes Buch über

Technische Mechanik

Statik Teil 2

Lagerreaktionen und Schnittgrößen

2019

IMPRESSUM

Alle Informationen und Angaben in diesem Buch wurden mit größter Sorgfalt erarbeitet. Es kann jedoch keine Garantie für die Richtigkeit der Informationen gegeben werden. Die Autoren übernehmen keine Haftung für möglicherweise verbliebene fehlerhaften Angaben und ihre Folgen.

Umschlagseite: Claudia Sperl

Verfasser und Herausgeber: Dr. Natalya Pertaya-Braun und Dr. Kai-Felix Braun

Carl-Legien-Str. 8a

64319 Pfungstadt

Deutschland

ISBN: 9781084125704

Imprint: Independently published

Vorwort

Hallo,

Dies ist Statik Teil 2 aus der Reihe "Ein anderes Buch über technische Mechanik". Wiederum stellen wir eine Reihe ausgewählter statischer Aufgaben vor, die die Lagerkräfte und Schnittgrößen in Balken sowie die Stabkräfte in einem ebenen Fachwerk abdecken. Diese Themen sind in einem technischen Mechanik Kurs obligatorisch, bieten aber viele Fallstricke. Wir glauben, dass Du diese vermeiden kannst, indem Du eine Reihe von repräsentativen Beispielen, die wir ausführlich erläutern, vollständig verstehst. Wenn Du verstehst, wie Du eine Reihe von Aufgaben vollständig angehen und lösen kannst, werden sich Deine Fähigkeiten zur Problemlösung erheblich verbessern und Du kannst diese Fähigkeiten auf andere Aufgaben anwenden. Darüber hinaus weisen wir auf typische Fehler hin, die Studierende in unseren Kursen machen. Worum es in diesem Buch nicht geht: Wir leiten keine Formeln ab und präsentieren keine Theorie - die kann man woanders finden. Dieses Buch beschränkt sich auf die Anwendung der Theorie der technischen Mechanik auf Aufgaben.

Das Format befindet sich wieder zwischen einer Folienpräsentation und einem Buch - der Leser bestimmt seine Geschwindigkeit. Auf fast jeder Seite finden sich Abbildungen, weil so Informationen schnell transportiert werden können. Des Öfteren wiederholen sich sogar die Abbildungen, damit Du nicht unnötig zurückblättern musst. Das Buch ist einfach zu lesen mit unkomplizierten Lösungsrezepten für technische Mechanik Aufgaben, die Dir in kurzer Zeit helfen werden. Sollten noch Fragen offen sein, nimm einfach Kontakt mit uns auf.

Diese Reihe wird fortgesetzt, weitere zukünftige Bücher befassen sich mit Spannungen, Kinematik, Kinetik und Schwingungen.

Und jetzt - viel Erfolg und viel Spaß bei der Show!

Natalya Pertaya-Braun (Dr.) and Kai-Felix Braun (Dr.), Juli 2019.

Inhaltsverzeichnis

I. Lagerkräfte und Schnittgrößenverläufe

Bei allen folgenden Aufgaben werden Balken als stabförmige Körper angesehen, deren Querschnittsabmessungen kleiner als ihre Länge sind.

Zunächst müssen wir wissen, welche Lagerkräfte existieren und wie sie wirken. Diese Informationen haben wir in einer Tabelle dargestellt.

Um die Lagerkräfte zu bestimmen, müssen wir drei Gleichgewichtsbedingungen aufstellen: Eine Kräftebilanz in x-Richtung, eine in y-Richtung und eine Gleichung für die Drehmomentbilanz.

$$\sum F_{ix} = 0 \qquad \sum F_{iy} = 0 \qquad \sum M^{(Bezugspunkt)} = 0$$

Nachfolgend sind die Tabellen der Querkräfte und Biegemomente aufgeführt, die auf Lagern vorhanden sind.

Um die Normalkraft N, die Querkraft Q und das Biegemoment M_b zu bestimmen, musst Du Schnitte am Balken ausführen, wie im Bild unten gezeigt, und wieder Gleichgewichtsgleichungen in x-Richtung, in y-Richtung und eine Gleichung für das Biegemoment erstellen.

positives Schnittufer   negatives Schnittufer

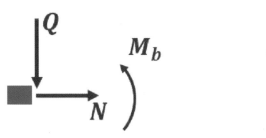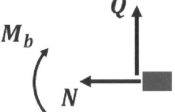

Abb. I.a

Lagerkräfte und Drehmomente

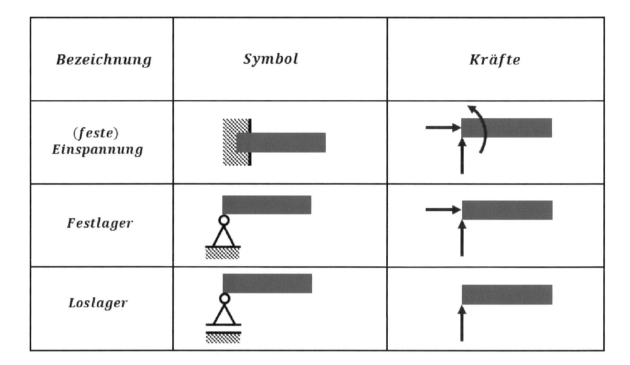

Bezeichnung	Symbol	Kräfte
(feste) Einspannung		
Festlager		
Loslager		

Tabelle. I.a

Bezeichnung	Symbol	Kräfte
Gelenk		
Pendel (Pendelstab)		
Normalkraftgelenk (Schiebehülse)		

Tabelle. I.b

Lagerkräfte und Drehmomente

Bezeichnung	Symbol	Kräfte
Führung		
(Winkel −) Führung		
(Längs −) Führung		

Tabelle. I.c

Normalkraft, Querkraft und Biegemoment

Bezeichnung	Symbol	Normalkraft N	Querkraft Q	Biegemoment M_b
freies Ende		0	0	0
Festlager		$\neq 0$	$\neq 0$	0
Loslager		0	$\neq 0$	0

Tabelle. I.d

Bezeichnung	Symbol	Normalkraft N	Querkraft Q	Biegemoment M_b
(feste) Einspannung		$\neq 0$	$\neq 0$	$\neq 0$
(Winkel $-$) Führung		$\neq 0$	0	$\neq 0$
(Längs $-$) Führung		0	$\neq 0$	$\neq 0$

Tabelle. I.e

Aufgabe 1

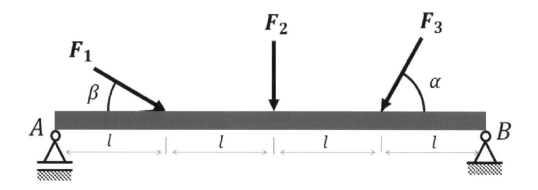

Abb. 1.1

Aufgabe: Auf den Balken in **Abb. 1.1** *wirken die drei Kräfte* F_1, F_2 *und* F_3.

- *Bestimme die Lagerkräfte,*
- *Bestimme den Verlauf von Normalkraft, Querkraft und Biegemoment.*

Gegeben: $F_1 = 3\ N$, $F_2 = 5\ N$, $F_3 = 2\ N$, $\alpha = 60°$, $\beta = 30°$, $l = 1\ m$.

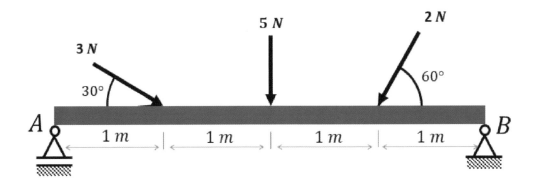

Abb. 1.2

Um die Lösung zu vereinfachen, haben wir zunächst die Werte der Kräfte und Winkel in die Zeichnung geschrieben.

Nun beginnen wir mit der Ermittlung der Lagerkräfte. Dazu benötigen wir die **Tabelle I.a**.

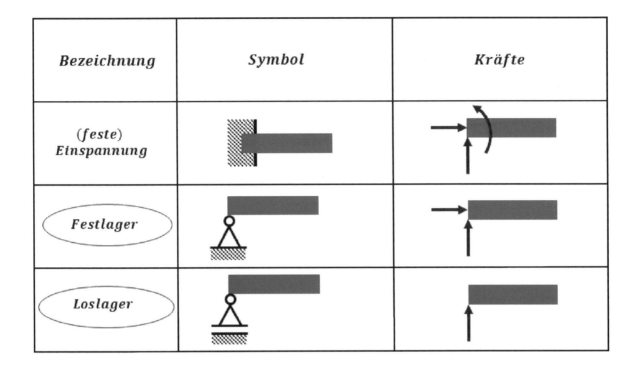

Bezeichnung	Symbol	Kräfte
(feste) Einspannung		
Festlager		
Loslager		

Abb. 1.3

Wie Du sehen kannst, gibt es links in **Abb. 1.2** ein Loslager, d.h. es wirkt nur eine Lagerkraft in y-Richtung. Auf der rechten Seite in **Abb. 1.2** gibt es ein Festlager, d.h. es liegen zwei in x- und in y-Richtung wirkende Lagerkräfte vor. Jetzt werden wir diese Informationen in die Zeichnung eingeben.

Wichtig: Es spielt keine Rolle, wie Du die Wirkrichtung der Lagerkräfte definierst!

Die Loslagerkraft kann sowohl in positiver y-Richtung als auch in negativer y-Richtung definiert werden. Gleiches gilt für die Festlagerkräfte: Die x- und y-Richtung können sowohl positiv als auch negativ sein. Die Richtung hat keine technische Mechanik Bedeutung und wird mit dem Vorzeichen der Lagerkraft rechnerisch kompensiert. Du solltest hier also keine Bedenken haben einen Fehler zu machen, da alle Definitionsmöglichkeiten erlaubt sind!

Auf der nächsten Seite gibt es zwei Möglichkeiten, wie man die Lagerkräfte bestimmen kann: Wir werden diese Aufgabe mit beiden Bestimmungsmöglichkeiten lösen, damit Du deutlich siehst, dass es keinen Unterschied gibt!

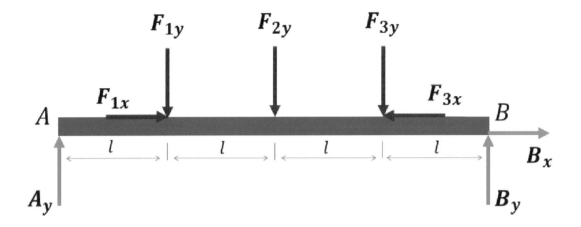

Abb. 1.4

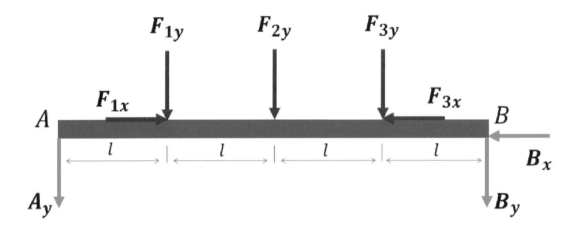

Abb. 1.5

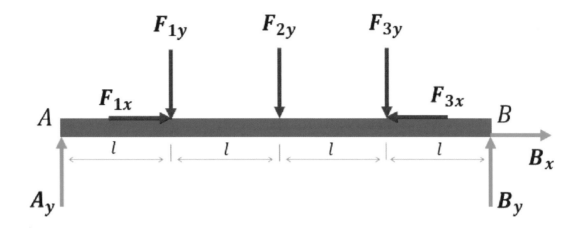

Abb. 1.4

Wir werden mit der ersten Definitionsmöglichkeit beginnen.

Zur Vereinfachung der Lösung haben wir hier zunächst die x- und y-Komponenten für alle einwirkenden Kräfte $\vec{F}_1$, $\vec{F}_2$ und $\vec{F}_3$ bestimmt. Hier hast Du natürlich keine Flexibilität, die Wirkrichtung all dieser Kräfte zu definieren: Die x- und y-Komponenten werden aus der Anfangskraft bestimmt!

Die Kräfte und Winkel sind in der Aufgabe definiert ($F_1 = 3\,N$, $F_2 = 5\,N$, $F_3 = 2\,N$, $\alpha = 60°$, $\beta = 30°$), so dass wir die entsprechenden x- und y-Komponenten einfach berechnen können .

$F_{1x} = F_1 \cdot \cos 30° = 3\,N \cdot \cos 30° = 2,598\,N$

$F_{1y} = F_1 \cdot \sin 30° = 3\,N \cdot \sin 30° = 1,5\,N$

$F_{2y} = F_2 = 5\,N$

$F_{3x} = F_3 \cdot \cos 60° = 2\,N \cdot \cos 60° = 1\,N$

$F_{3y} = F_3 \cdot \sin 60° = 2\,N \cdot \sin 60° = 1,732\,N$

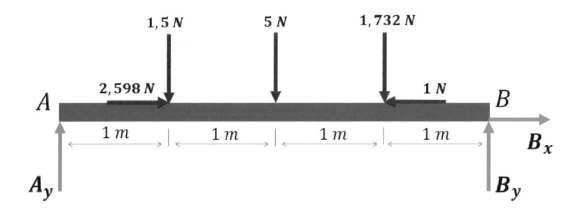

Abb. 1.6

Jetzt haben wir alle berechneten Werte in die Zeichnung eingefügt und können mit der Ermittlung der Lagerkräfte beginnen. Dazu stellen wir drei Gleichgewichtsbedingungen auf: Für die Kräfte in x-Richtung, in y-Richtung und eine Gleichung für die Drehmomente. Hier sind die ersten beiden:

$$\sum F_{ix} = 0 = 2,598\,N - 1\,N + B_x \tag{1.1}$$

$$\rightarrow B_x = -2,598\,N + 1\,N = -1,598\,N \tag{1.2}$$

$$\sum F_{iy} = 0 = A_y - 1,5\,N - 5\,N - 1,732\,N + B_y \tag{1.3}$$

Lösung (1) / Aufgabe 1

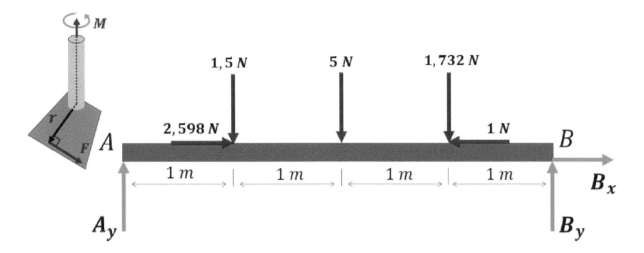

Abb. 1.7

Ein bisschen Theorie: Das Drehmoment ist das Rotationsäquivalent der linearen Kraft. Es kann nach folgender Gleichung erhalten werden:

$$M = r \cdot F \tag{1.4}$$

Hier ist r der Abstand vom **Bezugspunkt** zur einwirkenden Kraft. F ist die senkrecht zum Hebelarm r gerichtete Kraft.

Eine zum Hebelarm r parallel gerichtete Kraft erzeugt kein Drehmoment.

Um weiter voranzukommen, müssen wir entscheiden, wo der Bezugspunkt platziert wird. Eigentlich kann ein Bezugspunkt überall gewählt werden, es gibt absolut keine Einschränkungen. Aber wir müssen bedenken, dass wir die Aufgabe mathematisch lösen müssen. Deshalb sollten wir den Bezugspunkt so wählen, dass die mathematische Lösung einfacher wird. Einfacher bedeutet, dass die Gleichung für die Drehmomente so wenige unbekannte Kräfte wie möglich haben sollte. Schauen wir uns also an, welche Definition des Bezugspunktes dies ermöglicht!

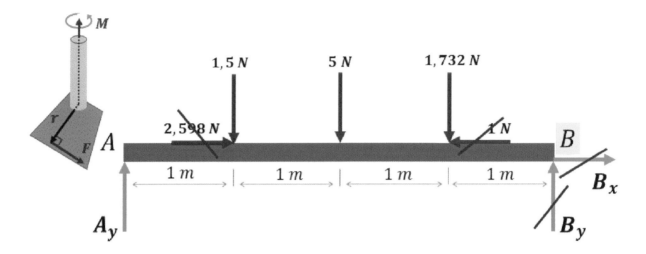

Abb. 1.8

Definieren wir den Bezugspunkt im Festlager (Punkt **B**), so können wir für das Drehmoment mehrere Kräfte aus der Gleichung streichen:

Die Lagerkräfte B_x und B_y wirken am Bezugspunkt, deshalb ist der Abstand $r = 0$. So können wir diese Kräfte aus der Zeichnung entfernen, da sie für die Gleichung für die Drehmomente nicht relevant sind.

Ferner sind die Kräfte $2,598\,N$ und $1\,N$ parallel zum Abstand r und erzeugen kein Drehmoment. So können wir diese Kräfte auch aus der Zeichnung entfernen.

Lösung (1) / Aufgabe 1

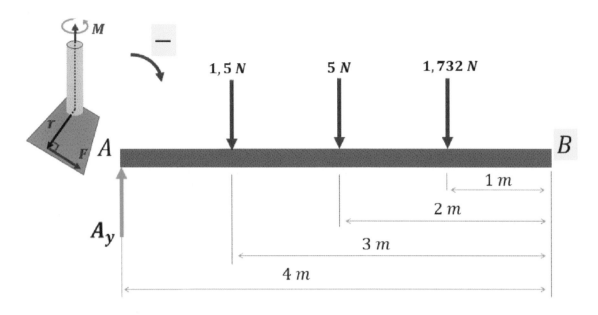

Abb. 1.9

Wichtig für das Drehmoment ist die Drehrichtung um den Punkt **B**.

Wir müssen also unterscheiden, ob sich die Kraft im oder gegen den Uhrzeigersinn um den Punkt **B** dreht.

Unterschiedliche Drehrichtungen haben unterschiedliche Vorzeichen in der Gleichung für das Drehmoment.

Tatsächlich ist es für statische Aufgaben nicht wichtig, welcher Drehrichtung Du + und welcher - zuweist. Wichtig ist, konsistent zu bleiben.

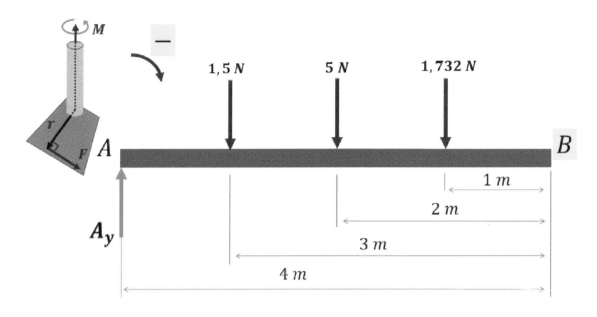

Abb. 1.9

Wenn wir zum Beispiel entscheiden, dass die Drehung im Uhrzeigersinn negativ ist, wie in der obigen Zeichnung gezeigt, dreht die Kraft A_y um Punkt B im Uhrzeigersinn und die folgende Gleichung $M = r \cdot F$ $\qquad$ (1.4)

wird negativ:

$$M_f = -r \cdot A_y = -4\,m \cdot A_y \qquad (1.5)$$

Ferner drehen die Kräfte $1,5\,N$, $5\,N$ und $1,732\,N$ im Gegenuhrzeigersinn um Punkt B, und die Gleichung (1.4) wird positiv:

$$M_r = +r \cdot 1.5\,N + r \cdot 5\,N + r \cdot 1,732\,N = +3m \cdot 1,5\,N + 2m \cdot 5\,N + 1m \cdot$$
$$1,732\,N \qquad (1.6)$$

Dann müssen wir alle Drehmomente addieren und die Summe gleich Null setzen:

$$\sum M^{(B)} = 0 = -4\,m \cdot A_y + 3m \cdot 1,5\,N + 2m \cdot 5\,N + 1m \cdot 1,732\,N \qquad (1.7)$$

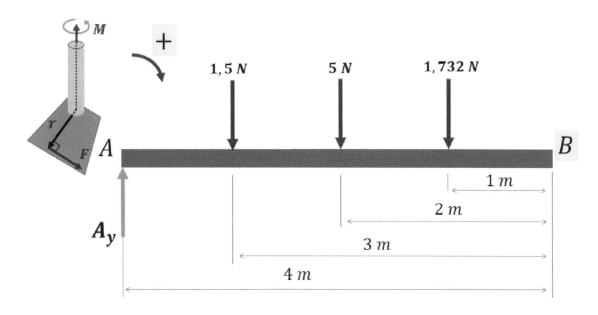

Abb. 1.10

Wenn wir alternativ entscheiden, dass die Drehung im Uhrzeigersinn positiv ist, wie in der obigen Zeichnung gezeigt, dreht die Kraft A_y um Punkt B im Uhrzeigersinn und die folgende Gleichung $M = r \cdot F$ (1.4)

wird positiv:

$$M_f = +r \cdot A_y = +4\,m \cdot A_y \tag{1.8}$$

Ferner drehen die Kräfte $1,5\,N$, $5\,N$ und $1,732\,N$ im Gegenuhrzeigersinn um Punkt B, und die Gleichung (1.4) wird negativ:

$$M_r = -r \cdot 1,5\,N - r \cdot 5\,N - r \cdot 1,732\,N = -3m \cdot 1,5\,N - 2m \cdot 5\,N - 1m \cdot$$
$$1,732\,N \tag{1.9}$$

Dann müssen wir alle Drehmomente addieren und die Summe gleich Null setzen:

$$\sum M^{(B)} = 0 = +4\,m \cdot A_y - 3m \cdot 1,5\,N - 2m \cdot 5\,N - 1m \cdot 1,732\,N \tag{1.10}$$

Lösung (1) / Aufgabe 1

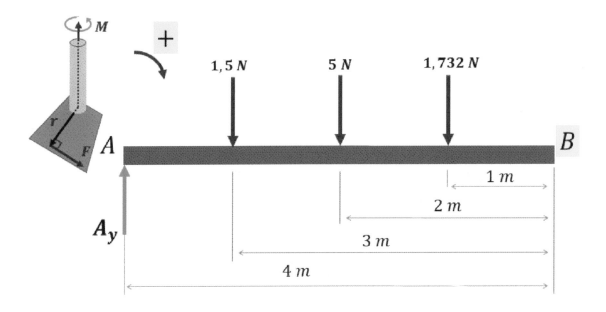

Abb. 1.10

Wir werden nun die Gleichungen (1.7) und (1.10) vergleichen:

$$\sum M^{(B)} = 0 = -4\,m \cdot A_y + 3m \cdot 1,5\,N + 2m \cdot 5\,N + 1m \cdot 1,732\,N \qquad (1.7)$$

$$\sum M^{(B)} = 0 = +4\,m \cdot A_y - 3m \cdot 1,5\,N - 2m \cdot 5\,N - 1m \cdot 1,732\,N \qquad (1.10)$$

Wir können sehen, dass die Gleichung (1.10) mathematisch nichts anderes ist als die Gleichung (1.7) multipliziert mit -1. Mathematisch sind die Gleichungen (1.7) und (1.10) also identisch!

Lösung (1) / Aufgabe 1

Jetzt haben wir alle drei Gleichungen und können die Aufgabe weiter lösen:

$$\sum F_{ix} = 0 = 2,598\,N - 1\,N + B_x \tag{1.1}$$

$$\sum F_{iy} = 0 = A_y - 1,5\,N - 5\,N - 1,732\,N + B_y \tag{1.3}$$

$$\sum M^{(B)} = 0 = -4\,m \cdot A_y + 3m \cdot 1,5\,N + 2m \cdot 5\,N + 1m \cdot 1,732\,N \tag{1.7}$$

Um zu überprüfen, ob das obige lineare Gleichungssystem lösbar ist, müssen wir zählen, wie viele Unbekannte und wie viele Gleichungen wir haben:

Wir haben also drei Gleichungen: (1.1), (1.3) und (1.7),

und wir haben **drei unbekannte Kräfte:** B_x, B_y und A_y.

Wir haben drei Unbekannte und drei Gleichungen: Das heißt, das lineare Gleichungssystem ist lösbar!

Lösung (1) / Aufgabe 1

Das Lösen eines linearen Gleichungssystems kann auf verschiedene Arten erfolgen. Wir werden hier der Intuitivsten folgen. Wir haben zuvor erhalten, dass die Gleichung (1.1) ergibt:

$$B_x = -1,598\,N \tag{1.2}$$

Nun liefert die Gleichung (1.7) den Wert von A_y:

$$A_y = \frac{3m \cdot 1,5\,N + 2m \cdot 5\,N + 1m \cdot 1,732\,N}{4\,m} = 4,058\,N \tag{1.8}$$

Damit liefert die Gleichung (1.3) schließlich den Wert von B_y:

$$B_y = 1,5\,N + 5\,N + 1,732\,N - A_y = 1,5\,N + 5\,N + 1,732\,N - 4,058\,N =$$
$$4,174\,N \tag{1.9}$$

Wir haben also alle Lagerkräfte erhalten:

$$B_x = -1,598\,N \tag{1.2}$$

$$B_y = 4,174\,N \tag{1.9}$$

$$A_y = 4,058\,N \tag{1.8}$$

Was wir noch tun können, ist zu überprüfen, ob die berechneten Lagerkräfte korrekt sind. Dazu müssten wir eine zusätzliche Drehmomentgleichung aufstellen mit dem Bezugspunkt am Loslager (Punkt A).

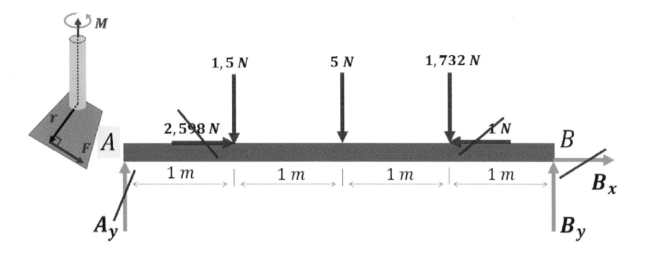

Abb. 1.11

Definieren wir den Bezugspunkt im Loslager (Punkt **A**), so können wir für die Drehmomente mehrere Kräfte aus der Gleichung streichen:

Die Loslagerkraft A_y wirkt auf den Bezugspunkt, deshalb ist der Abstand $r = 0$. Wir können also diese Kraft aus der Zeichnung entfernen, da sie für die Gleichung für die Drehmomente nicht relevant ist.

Ferner sind die Festlagerkraft B_x sowie die Kräfte **2, 598 N** und **1 N** parallel zum Abstand r und erzeugen kein Drehmoment. So können wir diese Kräfte auch aus der Zeichnung entfernen.

Lösung (1) / Aufgabe 1

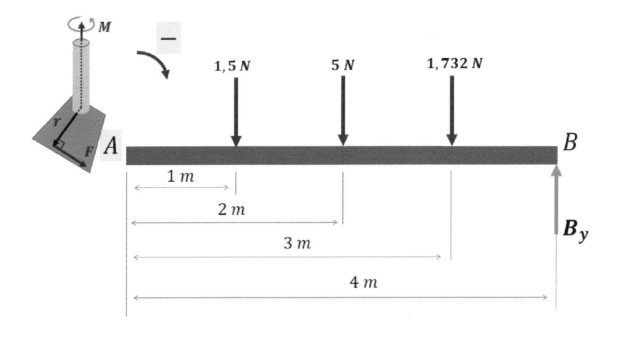

Abb. 1.12

Nach allen zuvor diskutierten Regeln würde diese Gleichung lauten:

$$\sum M^{(A)} = 0 = -1m \cdot 1,5\,N - 2m \cdot 5\,N - 3m \cdot 1,732\,N + 4\,m \cdot B_y \quad (1.10)$$

Nun können wir in die Gleichung (1.10) den zuvor erhaltenen Wert (Gleichung (1.9)) von $B_y = 4,174\,N$ einsetzen und prüfen, ob $\sum M^{(A)} = 0$ ist.

$$-1m \cdot 1,5\,N - 2m \cdot 5\,N - 3m \cdot 1,732\,N + 4\,m \cdot 4,174\,N =$$

$$= -16,696\,N \cdot m + 16,696\,N \cdot m = 0 \quad (1.11)$$

Die Tatsache, dass die Summe $\sum M^{(A)}$ wirklich rechnerisch Null ist, bedeutet also, dass die Lagerkräfte korrekt berechnet wurden! Diese Art der Kontrolle des Ergebnisses ist optional und sollte nur durchgeführt werden, wenn Du genügend Zeit dazu hast!

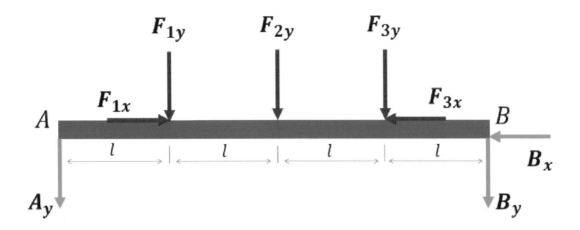

Abb. 1.5

Um zu sehen, dass es überhaupt nicht darauf ankommt, wie Sie die Wirkrichtung der Lagerkräfte bestimmen, wiederholen wir die Lösung für die zweite Möglichkeit, siehe obiges Bild. Wir können also die zuvor berechneten x- und y-Komponenten der Kräfte $\vec{F}_1$, $\vec{F}_2$ und $\vec{F}_3$ verwenden und in die Zeichnung einbeziehen:

$$F_{1x} = F_1 \cdot \cos 30° = 3\,N \cdot \cos 30° = 2,598\,N$$

$$F_{1y} = F_1 \cdot \sin 30° = 3\,N \cdot \sin 30° = 1,5\,N$$

$$F_{2y} = F_2 = 5\,N$$

$$F_{3x} = F_3 \cdot \cos 60° = 2\,N \cdot \cos 60° = 1\,N$$

$$F_{3y} = F_3 \cdot \sin 60° = 2\,N \cdot \sin 60° = 1,732\,N$$

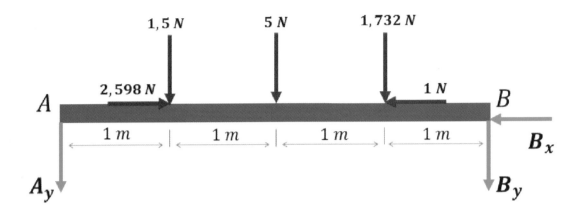

Abb. 1.13

Nachdem wir alle berechneten Werte in die Zeichnung geschrieben haben, können wir mit der Ermittlung der Lagerkräfte beginnen. Dazu stellen wir drei Gleichgewichtsbedingungen auf: Für die Kräfte in x-Richtung, in y-Richtung und eine Gleichung für die Drehmomente. Hier sind die ersten beiden:

$$\sum F_{ix} = 0 = 2,598\,N - 1\,N - B_x \tag{1.12}$$

$$B_x = 2,598\,N - 1\,N = 1,598\,N \tag{1.13}$$

$$\sum F_{iy} = 0 = -A_y - 1,5\,N - 5\,N - 1,732\,N - B_y \tag{1.14}$$

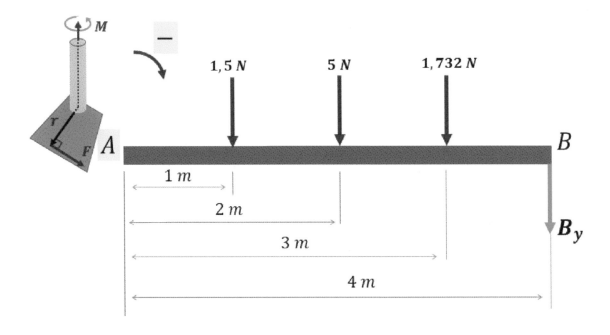

Abb. 1.14

Jetzt können wir die Gleichung für die Drehmomente bestimmen: Auch hier können wir es anders machen. Wir definieren den Bezugspunkt im Loslager (Punkt **A**) und verwenden diese Gleichung, um das lineare Gleichungssystem zu vervollständigen und die Lagerkräfte zu berechnen. Anschließend definieren wir den Bezugspunkt im Festlager (Punkt **B**) und überprüfen anhand dieser Gleichung, ob unsere Lagerkräfte korrekt berechnet wurden.

Nach allen zuvor diskutierten Regeln lautet diese Gleichung also:

$$\sum M^{(A)} = 0 = -1m \cdot 1,5\,N - 2m \cdot 5\,N - 3m \cdot 1,732\,N - 4\,m \cdot B_y \quad (1.15)$$

Jetzt haben wir alle drei Gleichungen und können die Aufgabe weiter lösen:

$$\sum F_{ix} = 0 = 2{,}598\,N - 1\,N - B_x \tag{1.12}$$

$$\sum F_{iy} = 0 = -A_y - 1{,}5\,N - 5\,N - 1{,}732\,N - B_y \tag{1.14}$$

$$\sum M^{(A)} = 0 = -1m \cdot 1{,}5\,N - 2m \cdot 5\,N - 3m \cdot 1{,}732\,N - 4\,m \cdot B_y \tag{1.15}$$

Um zu überprüfen, ob das obige lineare Gleichungssystem lösbar ist, müssen wir zählen, wie viele Unbekannte und wie viele Gleichungen wir haben:

Wir haben also drei Gleichungen: (1.12), (1.14) und (1.15),

und wir haben **drei unbekannte Kräfte:** B_x, B_y und A_y.

Wir haben drei Unbekannte und drei Gleichungen: Das heißt, das lineare Gleichungssystem ist lösbar!

Lösung (2) / Aufgabe 1

Das Lösen eines linearen Gleichungssystems kann auf verschiedene Arten erfolgen. Wir werden hier der Intuitivsten folgen. Wir haben zuvor erhalten, dass die Gleichung (1.12) ergibt:

$$B_x = 1,598 \, N \tag{1.13}$$

Nun liefert die Gleichung (1.15) den Wert von B_y:

$$B_y = -\frac{1m \cdot 1,5 \, N + 2m \cdot 5 \, N + 3m \cdot 1,732 \, N}{4 \, m} = -4,174 \, N \tag{1.16}$$

Damit liefert die Gleichung (1.14) schließlich den Wert von A_y:

$$A_y = -1,5 \, N - 5 \, N - 1,732 \, N - B_y = 1,5 \, N + 5 \, N + 1,732 \, N -$$
$$(-4,174 \, N) = -4,058 \, N \tag{1.17}$$

Wir haben also alle Lagerkräfte erhalten:

$$B_x = 1,598 \, N \tag{1.13}$$

$$B_y = -4,174 \, N \tag{1.16}$$

$$A_y = -4,058 \, N \tag{1.17}$$

Was wir noch tun können, ist zu überprüfen, ob die berechneten Lagerkräfte korrekt sind. Dazu müssten wir eine zusätzliche Drehmomentgleichung aufstellen mit dem Bezugspunkt am Festlager (Punkt **B**).

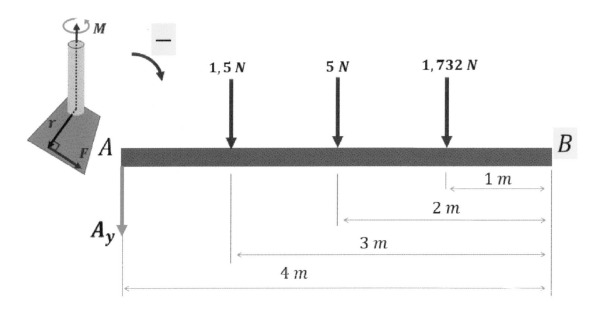

Abb. 1.15

Nach allen zuvor diskutierten Regeln würde diese Gleichung lauten:

$$\sum M^{(B)} = 0 = 3m \cdot 1,5\,N + 2m \cdot 5\,N + 1m \cdot 1,732\,N + 4\,m \cdot A_y \qquad (1.18)$$

Nun können wir in die Gleichung (1.18) den zuvor erhaltenen Wert (Gleichung (1.17)) von $A_y = -4,058\,N$ einsetzen und prüfen, ob $\sum M^{(B)} = 0$ ist.

$$3m \cdot 1,5\,N + 2m \cdot 5\,N + 1m \cdot 1,732\,N + 4\,m \cdot (-4,058\,N) =$$

$$= 16,232\,N \cdot m - 16,232\,N \cdot m = 0 \qquad (1.19)$$

Die Tatsache, dass die Summe $\sum M^{(B)}$ wirklich rechnerisch Null ist, bedeutet also, dass die Lagerkräfte korrekt berechnet wurden! Wiederum ist diese Art der Kontrolle des Ergebnisses optional und sollte nur durchgeführt werden, wenn Du genügend Zeit dazu hast!

Lösung (2) / Aufgabe 1

Als letzten Schritt werden wir nun beweisen, dass die Lagerkräfte, die mit beiden Lösungsmöglichkeiten erhalten werden, identisch sind!

Wir müssen also die zwei Ergebnismengen vergleichen:

Die Möglichkeit 1:

$$B_x = -1,598 \, N \tag{1.2}$$

$$B_y = 4,174 \, N \tag{1.9}$$

$$A_y = 4,058 \, N \tag{1.8}$$

Und die Möglichkeit 2:

$$B_x = 1,598 \, N \tag{1.13}$$

$$B_y = -4,174 \, N \tag{1.16}$$

$$A_y = -4,058 \, N \tag{1.17}$$

Am besten visualisiert man beide auf einer Zeichnung.

Also machen wir das!

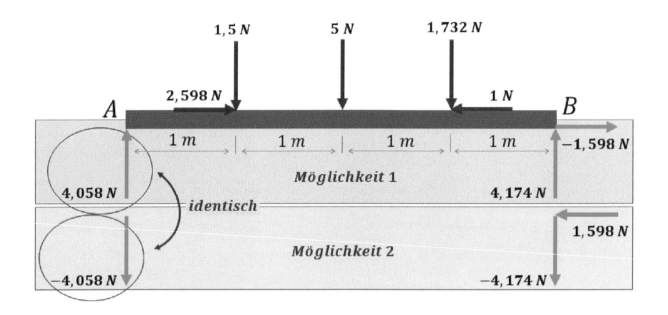

Abb. 1.16

Wir werden mit der Kraft A_y beginnen:

Möglichkeit 1: A_y ist positiv $A_y = 4,058\ N$ und wirkt in positiver y-Richtung.

Und Möglichkeit 2: A_y ist negativ $A_y = -4,058\ N$ und wirkt in negativer y-Richtung.

Hier kompensieren sich also die Wirkrichtung der Kraft und das Vorzeichen der Kraft und wir erhalten mathematisch identische Lösungen für A_y, unabhängig davon, wie wir die Wirkrichtung der Kraft bestimmt haben!

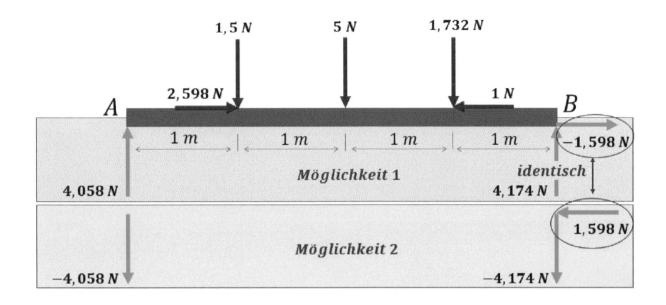

Abb. 1.17

Wir werden mit der Kraft B_x fortfahren:

Möglichkeit 1: B_x ist negativ $B_x = -1{,}598\,N$ und wirkt in positiver x-Richtung.

Und Möglichkeit 2: B_x ist positiv $B_x = 1{,}598\,N$ und wirkt in negativer x-Richtung.

Hier kompensieren sich also die Wirkrichtung der Kraft und das Vorzeichen der Kraft und wir erhalten die mathematisch identische Lösung für B_x unabhängig davon, wie wir die Wirkrichtung der Kraft bestimmt haben!

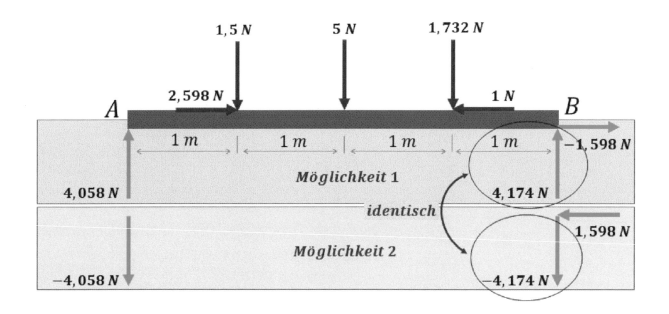

Abb. 1.18

Und schließlich die Kraft B_y :

Möglichkeit 1: B_y ist positiv $B_y = 4,174\,N$ und wirkt in positiver y-Richtung.

Und Möglichkeit 2: B_y ist negativ $B_y = -4,174\,N$ und wirkt in negativer y-Richtung.

Hier kompensieren sich also die Wirkrichtung der Kraft und das Vorzeichen der Kraft und wir erhalten die mathematisch identische Lösung für B_y, unabhängig davon, wie wir die Wirkrichtung der Kraft bestimmt haben!

Schließlich haben wir alle Lagerkräfte mit unterschiedlichen Lösungsmöglichkeiten ermittelt und identische Ergebnisse erzielt!

Jetzt können wir weiter vorgehen und die Schnittgrößenverläufe oder Verläufe für die Normalkraft, die Querkraft und das Biegemoment bestimmen!

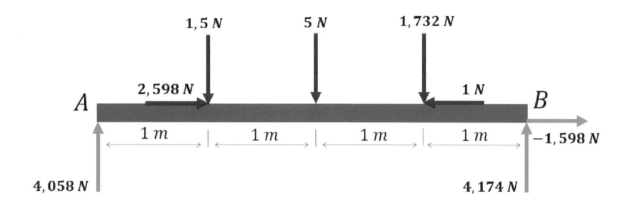

Fig. 1.19

Fahren wir nun mit der Berechnung der Querkräfte und Biegemomente fort. Dazu verwenden wir die erste Möglichkeit unserer Ergebnisse für die Lagerkräfte.

$$B_x = -1,598\,N \tag{1.2}$$

$$B_y = 4,174\,N \tag{1.9}$$

$$A_y = 4,058\,N \tag{1.8}$$

Die Möglichkeit 2 ist zwar für die weitere Lösung genauso gut, aber da wir bewiesen haben, dass die Möglichkeiten identisch sind, benötigen wir nur eine von ihnen. Wir haben die Möglichkeit 1 ohne besonderen (oder technische Mechanik) Grund gewählt.

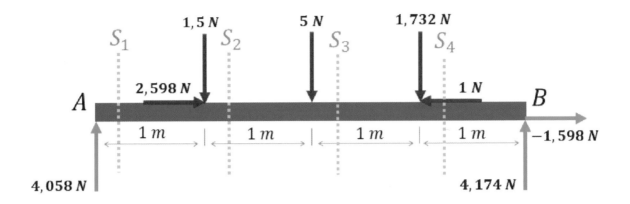

Abb. 1.20

Unser nächster Lösungsschritt ist, die Normalkraft **N** und die Querkraft **Q** zu bestimmen und grafisch darzustellen. Dies kann auf verschiedene Arten geschehen. Wir werden zwei Lösungsmöglichkeiten ausprobieren und natürlich diejenige empfehlen, die wir für die beste (oder einfachste) halten.

Die erste Lösungsmöglichkeit ist die herkömmliche, bei der nach jeder einwirkenden Kraft ein Schnitt vorgenommen wird. Für jeden Schnitt müssen die Gleichgewichtsbedingungsgleichungen in x- und y-Richtung erstellt werden. Die Gleichgewichtszustandsgleichung in x-Richtung liefert den Wert für die Normalkraft **N**. Die Gleichgewichtszustandsgleichung in y-Richtung liefert den Wert für die Querkraft **Q**. Durch Integration der Querkraft **Q** erhalten wir dann das Biegemoment M_b.

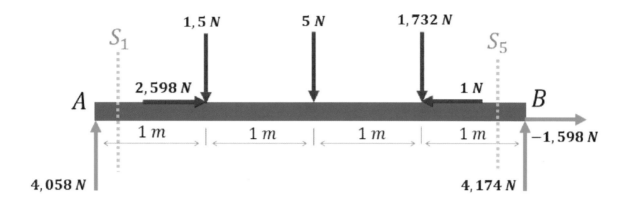

Abb. 1.21

Die zweite Lösungsmöglichkeit ist moderner und einfacher, wir werden lernen, wie man die Normalkraft N und die Querkraft Q schneller erhält oder wie man die Schnitte nach jeder einwirkenden Kraft ersetzt und die zahlreichen Gleichgewichtsgleichungen mit einfachen Berechnungen aufbaut, die man im Kopf berechnen kann.

Hier müssen wir nur einen obligatorischen Schnitt ausführen, um die Anfangswerte der Normalkraft N und der Querkraft Q zu erhalten. Dann kann (optional) ein weiterer Schnitt ausgeführt werden, um die End- oder Kontrollwerte für die Normalkraft N und Querkraft Q zu erhalten.

Für die Berechnung des Biegemoments M_b ändert sich nichts: Wir müssen noch die Querkraft Q integrieren.

So sieht der Plan aus, fangen wir an!

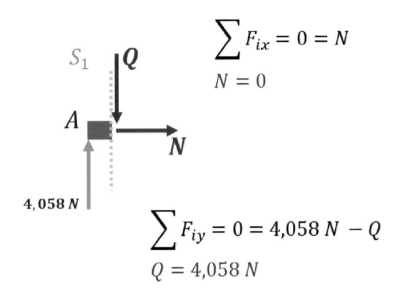

$$\sum F_{ix} = 0 = N$$

$$N = 0$$

$$\sum F_{iy} = 0 = 4{,}058\,N - Q$$

$$Q = 4{,}058\,N$$

Abb. 1.22

Also, den ersten Schnitt S_1 haben wir direkt nach dem Loslager gemacht. Dann haben wir die wirkende Normalkraft N und die Querkraft Q eingefügt. Nun können wir die Gleichgewichtsbedingungsgleichungen in x- und y-Richtung aufstellen. Die Gleichgewichtsbedingungsgleichung in x-Richtung liefert den Wert für die Normalkraft N. Die Gleichgewichtsbedingungsgleichung in y-Richtung liefert den Wert für die Querkraft Q.

$$\sum F_{ix} = 0 = N \tag{1.20}$$

$$N = 0\,N \tag{1.21}$$

$$\sum F_{iy} = 0 = 4{,}058\,N - Q \tag{1.22}$$

$$Q = 4{,}058\,N \tag{1.23}$$

Wir haben die Gleichgewichtsgleichungen und Werte für N und Q in die Zeichnung aufgenommen, da wir auf der nächsten Seite damit beginnen, die Ergebnisse grafisch darzustellen.

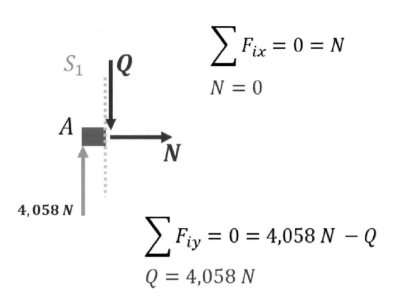

$$\sum F_{ix} = 0 = N$$

$$N = 0$$

$$\sum F_{iy} = 0 = 4{,}058\,N - Q$$

$$Q = 4{,}058\,N$$

Abb. 1.22

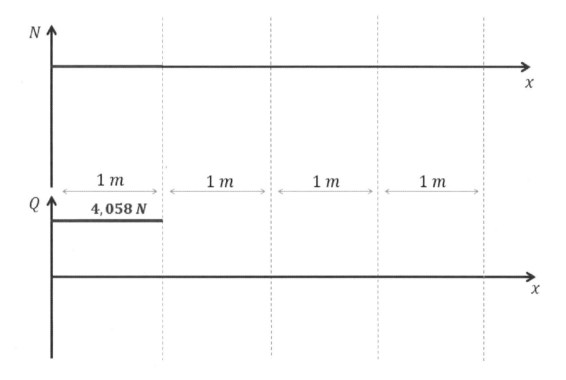

Abb. 1.23

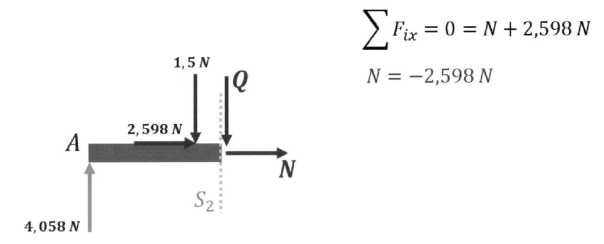

$$\sum F_{ix} = 0 = N + 2{,}598\,N$$

$$N = -2{,}598\,N$$

$$\sum F_{iy} = 0 = 4{,}058\,N - 1{,}5\,N - Q$$

$$Q = 2{,}558\,N$$

Abb. 1.24

Wir machen weiter: Den zweiten Schnitt S_2 haben wir direkt nach den einwirkenden Kräften $2{,}598\,N$ und $1{,}5\,N$ ausgeführt. Dann haben wir wieder die einwirkende Normalkraft N und die Querkraft Q eingefügt. Nun können wir wieder die Gleichgewichtsbedingungsgleichungen in x- und y-Richtung aufstellen.

$$\sum F_{ix} = 0 = N + 2{,}598\,N \tag{1.24}$$

$$N = -2{,}598\,N \tag{1.25}$$

$$\sum F_{iy} = 0 = 4{,}058\,N - 1{,}5\,N - Q \tag{1.26}$$

$$Q = 4{,}058\,N - 1{,}5\,N = 2{,}558\,N \tag{1.27}$$

Auf der nächsten Seite werden die Ergebnisse wieder grafisch dargestellt.

Wichtig: Solange Du alle Werte für die Normalkraft N und die Querkraft Q in die Zeichnung schreibst, muss die Zeichnung nicht maßstabsgetreu werden!

Lösung (1) / Aufgabe 1

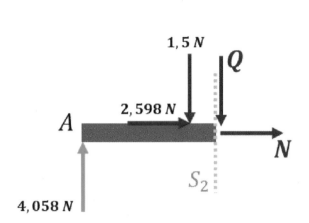

$$\sum F_{ix} = 0 = N + 2{,}598\ N$$

$$N = -2{,}598\ N$$

$$\sum F_{iy} = 0 = 4{,}058\ N - 1{,}5\ N - Q$$

$$Q = 2{,}558\ N$$

Abb. 1.24

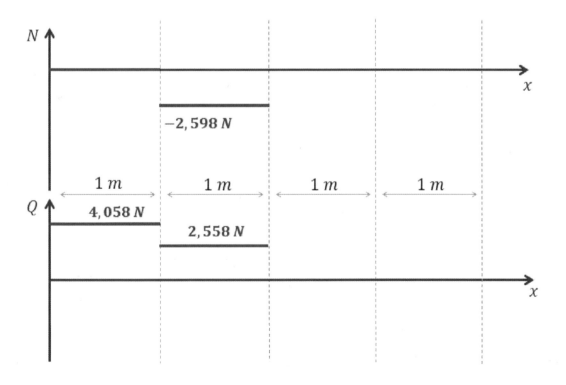

Abb. 1.25

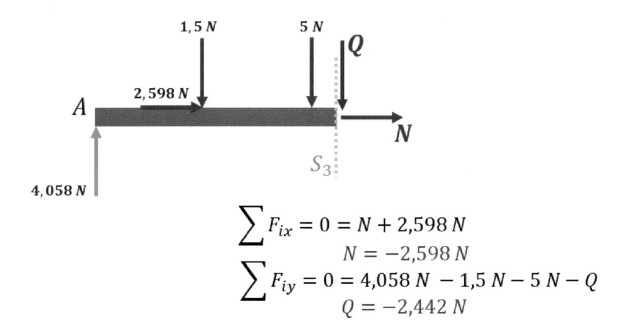

$$\sum F_{ix} = 0 = N + 2{,}598\,N$$
$$N = -2{,}598\,N$$
$$\sum F_{iy} = 0 = 4{,}058\,N - 1{,}5\,N - 5\,N - Q$$
$$Q = -2{,}442\,N$$

Abb. 1.26

Wir machen weiter (Du siehst, diese Lösungsmöglichkeit wird lang): Den nächsten Schnitt S_3 haben wir direkt nach der einwirkenden Kraft **5 N** ausgeführt. Dann haben wir erneut die einwirkende Normalkraft N und die Querkraft Q eingefügt und wieder die Gleichgewichtszustandsgleichungen in x- und y-Richtung aufgestellt. Für die Normalkraft N ergeben sich hier keine Änderungen gegenüber S_2, da die Kraft **5 N** in y-Richtung und N in x-Richtung wirkt. Die **5 N** Kraft hat also keinen Einfluss auf die Normalkraft N, wird aber mit Sicherheit die Querkraft Q beeinflussen.

$$\sum F_{ix} = 0 = N + 2{,}598\,N \qquad (1.24)$$

$$N = -2{,}598\,N \qquad (1.25)$$

$$\sum F_{iy} = 0 = 4{,}058\,N - 1{,}5\,N - 5N - Q \qquad (1.28)$$

$$Q = 4{,}058\,N - 1{,}5\,N - 5N = -2{,}442\,N \qquad (1.29)$$

Auf der nächsten Seite präsentieren wir die Ergebnisse wieder grafisch.

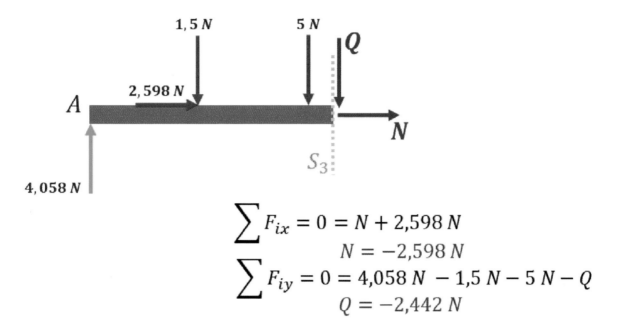

$$\sum F_{ix} = 0 = N + 2{,}598\,N$$
$$N = -2{,}598\,N$$
$$\sum F_{iy} = 0 = 4{,}058\,N - 1{,}5\,N - 5\,N - Q$$
$$Q = -2{,}442\,N$$

Abb. 1.26

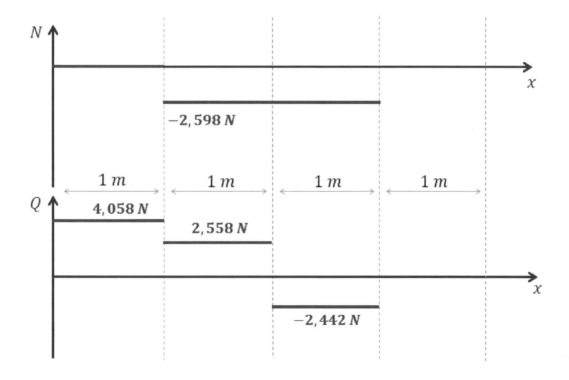

Abb. 1.27

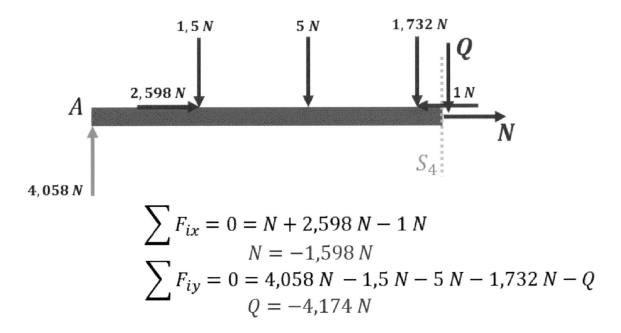

Abb. 1.28

Den letzten Schnitt S_4 haben wir direkt nach den einwirkenden Kräften $1,732\,N$ und $1\,N$ gemacht. Dann haben wir wieder die einwirkende Normalkraft N und die Querkraft Q eingefügt und können wieder die Gleichgewichtsbedingungsgleichungen in x- und y-Richtung aufstellen.

$$\sum F_{ix} = 0 = N + 2,598\,N - 1\,N \tag{1.30}$$

$$N = -2,598\,N + 1N = -1,598\,N \tag{1.31}$$

$$\sum F_{iy} = 0 = 4,058\,N - 1,5\,N - 5N - 1,732N - Q \tag{1.32}$$

$$Q = 4,058\,N - 1,5\,N - 5N - 1,732N = -4,174\,N \tag{1.33}$$

Wieder präsentieren wir auf der nächsten Seite die Ergebnisse grafisch.

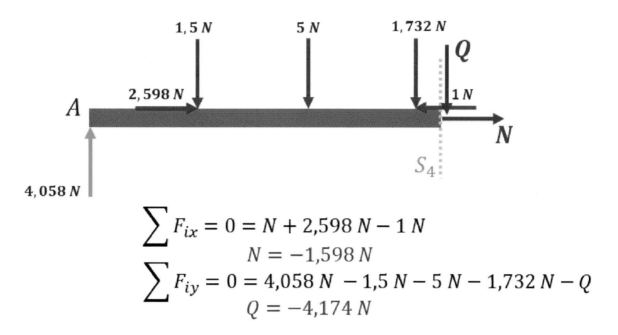

$$\sum F_{ix} = 0 = N + 2{,}598\,N - 1\,N$$
$$N = -1{,}598\,N$$
$$\sum F_{iy} = 0 = 4{,}058\,N - 1{,}5\,N - 5\,N - 1{,}732\,N - Q$$
$$Q = -4{,}174\,N$$

Abb. 1.28

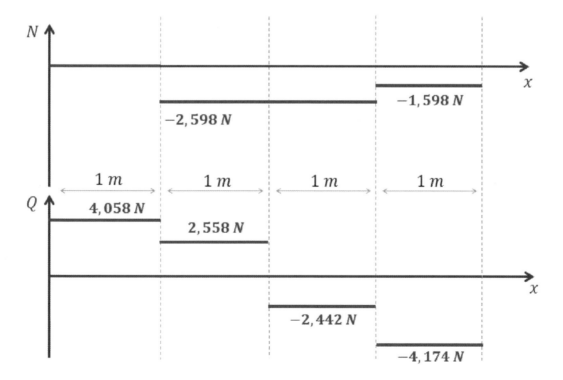

Abb. 1.29

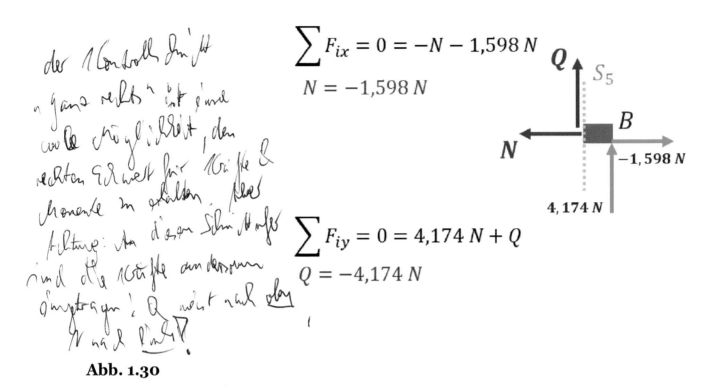

$$\sum F_{ix} = 0 = -N - 1{,}598\,N$$

$$N = -1{,}598\,N$$

$$\sum F_{iy} = 0 = 4{,}174\,N + Q$$

$$Q = -4{,}174\,N$$

Abb. 1.30

Wenn man die Ergebnisse überprüfen möchte, kann man einen zusätzlichen Kontrollschnitt S_5 direkt vor dem Festlager durchführen. Dann haben wir die wirkende Normalkraft N und die Querkraft Q erneut eingefügt und können die Gleichgewichtsbedingungsgleichungen in x- und y-Richtung erneut aufstellen, um diesmal unsere Ergebnisse zu kontrollieren:

$$\sum F_{ix} = 0 = -N + (-1{,}598\,N) \tag{1.34}$$

$$N = -1{,}598\,N \tag{1.35}$$

$$\sum F_{iy} = 0 = 4{,}174\,N + Q \tag{1.36}$$

$$Q = -4{,}174\,N \tag{1.37}$$

Wie Du sehen kannst, sind die Gleichungen (1.31) und (1.35) identisch, so dass wir die Normalkraft N korrekt berechnet haben. Die Gleichungen (1.33) und (1.37) sind ebenfalls identisch, so dass auch die Querkraft Q korrekt berechnet wurde.

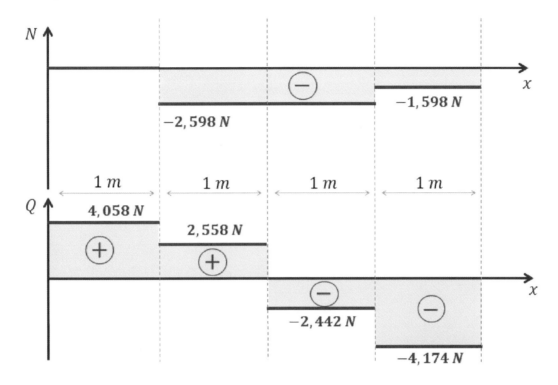

Abb. 1.31

Wir sind also im Grunde genommen fertig: Wir müssen nur das Pluszeichen in den Bereichen einzeichnen, in denen die Kräfte positiv sind, und das Minuszeichen in den Bereichen, in denen die Kräfte negativ sind.

Jetzt werden wir eine andere (aus unserer Sicht einfachere) Lösungsmöglichkeit ausprobieren.

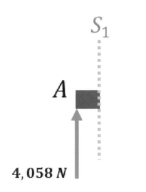

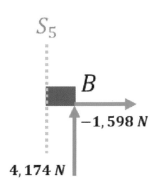

Abb. 1.32

Für diese Lösungsmöglichkeit werden wir grundsätzlich nur zwei Schnitte benötigen.

Der obligatorische Schnitt S_1 direkt nach dem Loslager, um die Anfangswerte der Normalkraft N und der Querkraft Q zu erhalten.

Ein weiterer Schnitt ist nicht obligatorisch, es handelt sich um den Kontrollschnitt S_5 direkt vor dem Festlager. Hier erhalten wir die Kontrollwerte der Normalkraft N und der Querkraft Q, um zu überprüfen, ob unsere Lösung korrekt ist. Die Lösung zu kontrollieren oder nicht, ist optional und hängt im Allgemeinen davon ab, ob man es für notwendig hält oder ob man genug Zeit hat, dies zu tun.

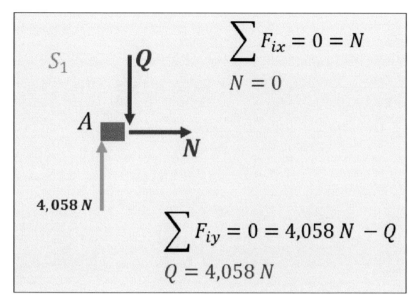

$$\sum F_{ix} = 0 = N$$

$$N = 0$$

$$\sum F_{iy} = 0 = 4{,}058\,N - Q$$

$$Q = 4{,}058\,N$$

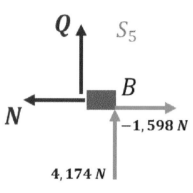

Abb. 1.33

Wir müssen also grundsätzlich die Gleichgewichtsgleichungen für den Schnitt S_1 aufgreifen, die wir bereits in der vorherigen Lösungsmöglichkeit erhalten haben.

$$\sum F_{ix} = 0 = N \tag{1.20}$$

$$N = 0\,N \tag{1.21}$$

$$\sum F_{iy} = 0 = 4{,}058\,N - Q \tag{1.22}$$

$$Q = 4{,}058\,N \tag{1.23}$$

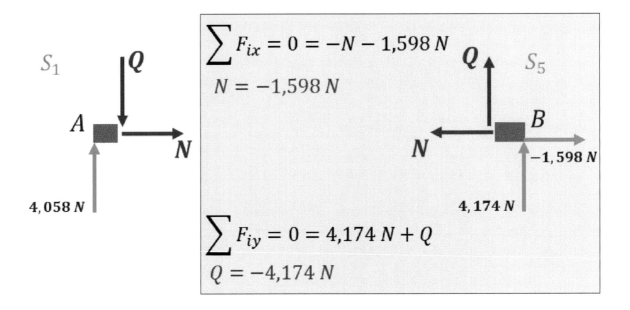

Abb. 1.34

Dann müssen wir die Gleichgewichtsgleichungen für den Abschnitt S_5 aufgreifen, die wir bereits in der vorherigen Lösungsmöglichkeit erhalten haben.

$$\sum F_{ix} = 0 = -N + (-1,598\,N) \tag{1.34}$$

$$N = -1,598\,N \tag{1.35}$$

$$\sum F_{iy} = 0 = 4,174\,N + Q \tag{1.36}$$

$$Q = -4,174\,N \tag{1.37}$$

Jetzt müssen wir also keine einzige Gleichgewichtsgleichung mehr erstellen! Zuerst werden wir uns getrennt mit der Normalkraft N und dann mit der Querkraft Q befassen.

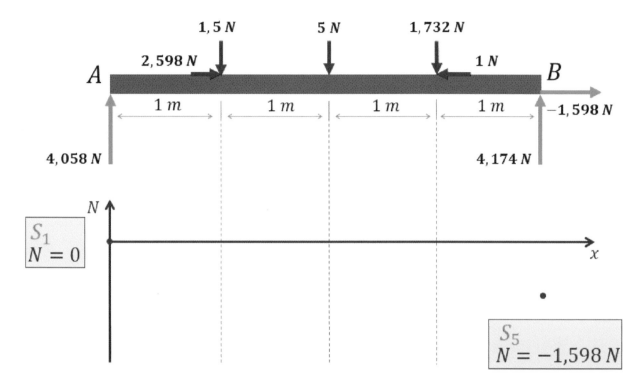

Abb. 1.35

Entsprechend der Gleichung (1.21) können wir in die Zeichnung den Anfangswert der Normalkraft $N = 0$ sowie den Kontrollwert $N = -1,598\,N$ einsetzen.

Für die Normalkraft N werden wir nur die in x-Richtung wirkenden Kräfte berücksichtigen, da die Normalkraft N auch in x-Richtung wirkt.

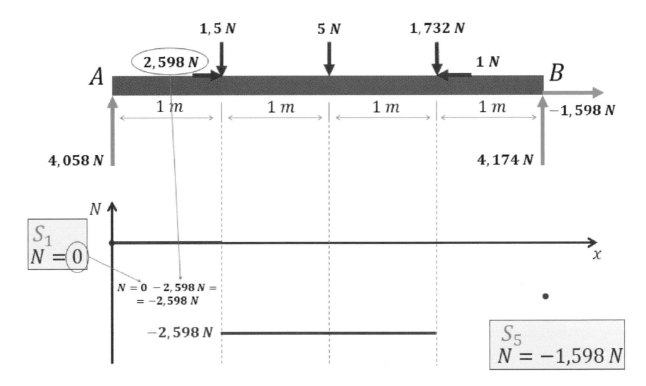

Abb. 1.36

Die Normalkraft behält den Wert $N = 0$ bei, bis die erste in x-Richtung wirkende Kraft erreicht ist ($2,598\ N$).

An dem Punkt, an dem die Kraft $2,598\ N$ erreicht ist, macht die Normalkraft einen Sprung (Unstetigkeit) von dem Anfangswert $N = 0$ minus dem Kraftwert $2,598\ N$ und erhält den Wert von $-2,598\ N$.

Diesen Wert haben wir sofort in unsere Zeichnung übernommen.

Wichtig: Alle Kräfte, die genau wie die Normalkraft N in x-Richtung wirken, was für uns von links nach rechts bedeutet, werden vom aktuellen Wert der Normalkraft N subtrahiert.

Alle Kräfte, die in x-Richtung entgegengesetzt zur Normalkraft N wirken, was für uns von rechts nach links bedeutet, werden zum aktuellen Wert der Normalkraft N addiert.

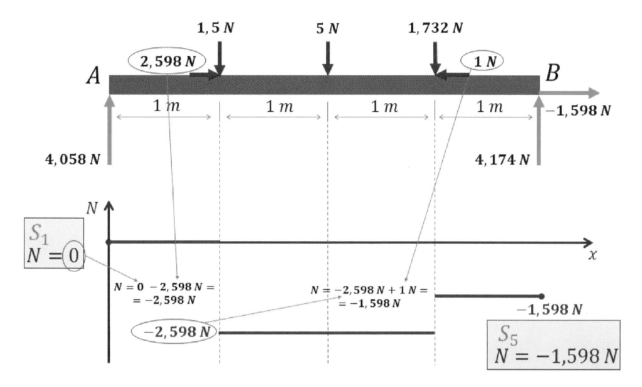

Abb. 1.37

Machen wir also weiter: Die Normalkraft behält den Wert $N = -2,598\,N$ bei, bis die zweite in x-Richtung wirkende Kraft erreicht ist ($\mathbf{1N}$).

An dem Punkt, an dem die Kraft $\mathbf{1N}$ erreicht ist, macht die Normalkraft einen Sprung (Unstetigkeit) aus dem aktuellen Wert $N = -2,598\,N$ plus dem Kraftwert $\mathbf{1\,N}$ und erhält den Wert von $-1,598\,N$.

Diesen Wert haben wir sofort in unsere Zeichnung übernommen.

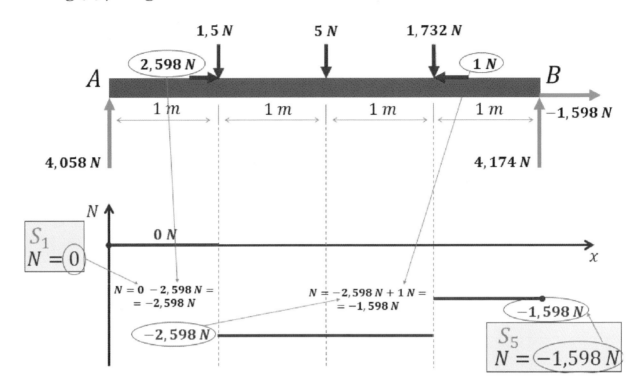

Abb. 1.38

Wenn wir nun das Ergebnis überprüfen möchten (dies ist ebenfalls optional, nicht unbedingt erforderlich), müssen wir den Wert der soeben erhaltenen Normalkraft $(-1,598\,N)$ mit dem Kontrollwert aus dem Abschnitt S_5 $(-1,598\,N)$ vergleichen. Wie Du siehst, sind beide Werte identisch, was bedeutet, dass unsere Lösung soweit korrekt ist!

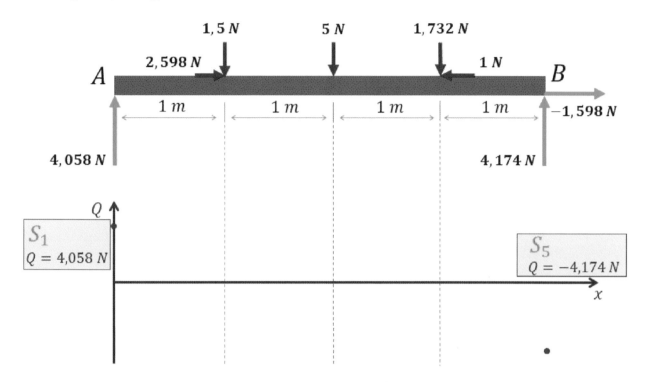

Abb. 1.39

Nun werden wir mit der Querkraft Q fortfahren.

Entsprechend der Gleichung (1.23) können wir in die Zeichnung den Anfangswert der Querkraft $Q = 4,058\ N$ sowie den Kontrollwert $Q = -4,174\ N$ schreiben.

Für die Querkraft Q werden wir nur die in y-Richtung wirkenden Kräfte berücksichtigen, da die Querkraft Q auch in y-Richtung wirkt.

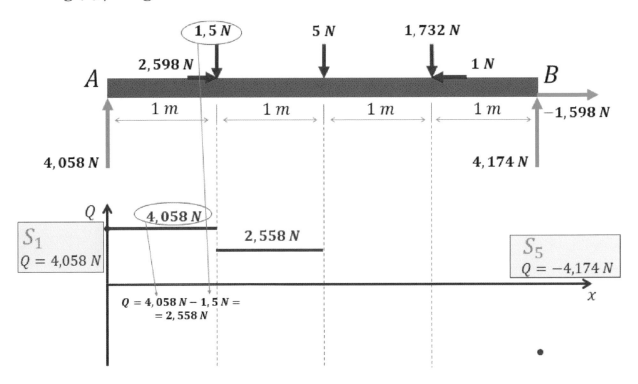

Abb. 1.40

Die Querkraft behält den Wert $Q = 4,058\,N$ bei, bis die erste in y-Richtung wirkende Kraft erreicht ist ($1,5\,N$).

An dem Punkt, an dem die Kraft $1,5\,N$ erreicht ist, macht die Querkraft einen Sprung (Unstetigkeit) von dem Anfangswert $Q = 4,058\,N$ minus dem Kraftwert $1,5\,N$ und wir erhalten einen Wert von $2,558\,N$.

Diesen Wert haben wir sofort in unsere Zeichnung übernommen.

Wichtig: Alle Kräfte, die genau wie die Querkraft Q in y-Richtung wirken, was für uns nach unten bedeutet, werden vom aktuellen Wert der Querkraft Q subtrahiert.

Alle Kräfte, die in y-Richtung entgegengesetzt zur Querkraft Q wirken, was für uns nach oben bedeutet, werden zum aktuellen Wert der Querkraft Q addiert.

Lösung (2) / Aufgabe 1

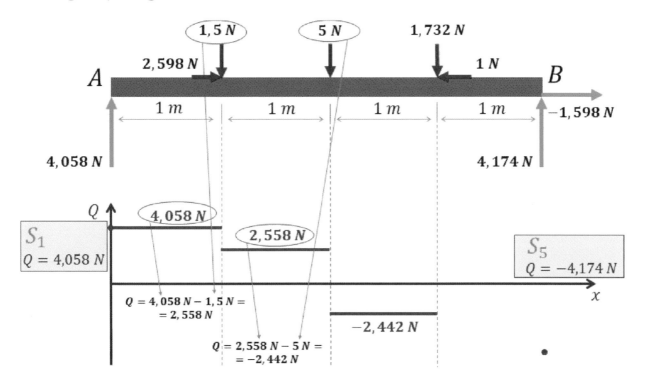

Abb. 1.41

Weiteres Vorgehen: Die Querkraft behält den aktuellen Wert $Q = 2,558\,N$ bei, bis die nächste in y-Richtung wirkende Kraft erreicht ist (**5 N**).

An dem Punkt, an dem die Kraft **5 N** erreicht ist, macht die Querkraft einen Sprung (Unstetigkeit) von dem gegenwärtigen Wert $Q = 2,558\,N$ minus dem Kraftwert **5 N** und wir erhalten einen Wert von $-2,442\,N$.

Diesen Wert haben wir sofort in unsere Zeichnung übernommen.

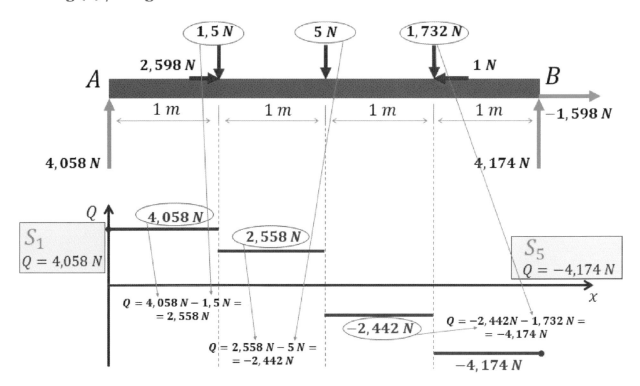

Abb. 1.42

Schließlich behält die Querkraft den aktuellen Wert $Q = -2{,}442\,N$ bei, bis die nächste Kraft, die in y-Richtung wirkt, erreicht ist ($1{,}732\,N$).

An dem Punkt, an dem die Kraft $1{,}732\,N$ erreicht ist, macht die Querkraft einen Sprung (Unstetigkeit) von dem gegenwärtigen Wert $Q = -2{,}442\,N$ minus dem Kraftwert $1{,}732\,N$ und wir erhalten einen Wert von $-4{,}174\,N$.

Diesen Wert haben wir sofort in unsere Zeichnung übernommen.

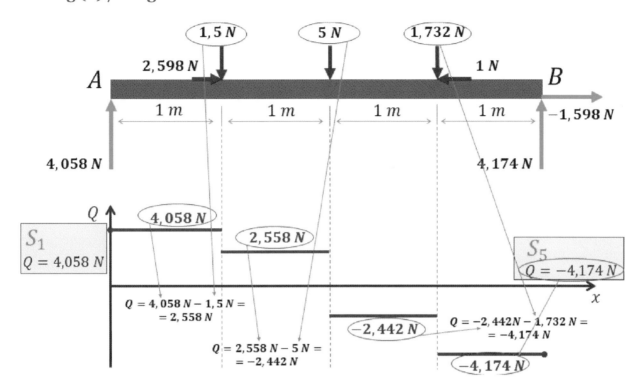

Abb. 1.43

Wenn wir das Ergebnis erneut überprüfen möchten (dies ist optional, nicht unbedingt erforderlich), müssen wir den Wert der soeben erhaltenen Querkraft ($-4,174\ N$) mit dem Kontrollwert aus Abschnitt S_5 ($-4,174\ N$) vergleichen. Wie Du siehst, sind beide Werte identisch, was bedeutet, dass unsere Lösung soweit korrekt ist!

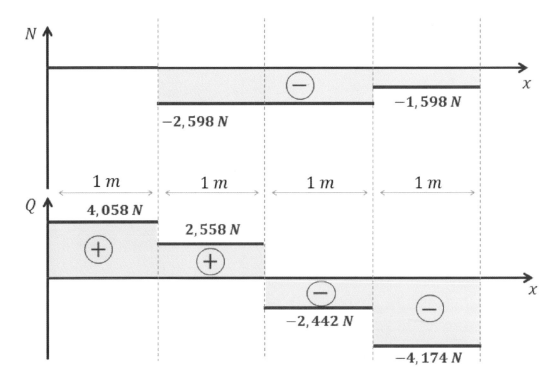

Abb. 1.31

Die Lösung, die wir jetzt erhalten haben, ist genau die gleiche (wie es eigentlich sein sollte) wie die erste Lösung, die wir zuvor erhalten haben.

Wie Du gesehen hast, ist diese Lösungsmöglichkeit viel einfacher, da nicht viele Gleichgewichtszustandsgleichungen benötigt werden und daher im Vergleich zur ersten Lösungsmöglichkeit viel weniger Zeit benötigt wird.

Welche Lösungsmöglichkeit Du wählst, liegt ganz bei Dir!

Nun werden wir mit dem Biegemoment fortfahren. Dieser Teil der Lösung ist identisch, egal auf welche Weise Du die Normal- und Querkraft zuvor erhalten hast.

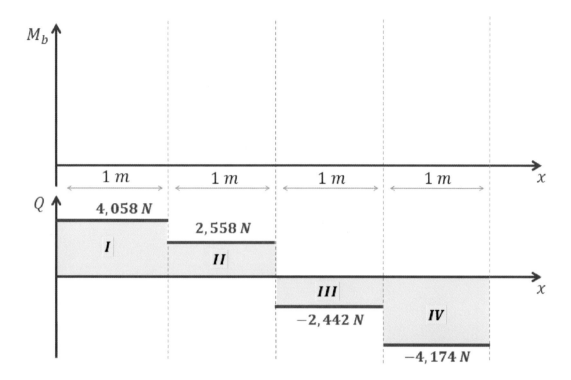

Abb. 1.44

Die mathematische Definition des Biegemoments M_b ist, dass es durch Integration der Querkraft Q plus einer Integrationskonstante C erhalten wird.

$$M_b = \int Q \cdot dx + C \tag{1.38}$$

Wenn wir uns nun die Zeichnung für die Querkraft Q ansehen, werden wir in der Lage sein, mehrere Bereiche (*I*, *II*, *III* und *IV*) zu identifizieren, wobei in jedem dieser Bereiche die Querkraft Q mit einem bestimmten Wert konstant ist.

Bereich *I*: $Q = 4,058\,N$

Bereich *II*: $Q = 2,558\,N$

Bereich *III*: $Q = -2,442\,N$

Bereich *IV*: $Q = -4,174\,N$

Für jeden dieser Bereiche müssen wir die Querkraft Q integrieren, um das Biegemoment M_b zu erhalten.

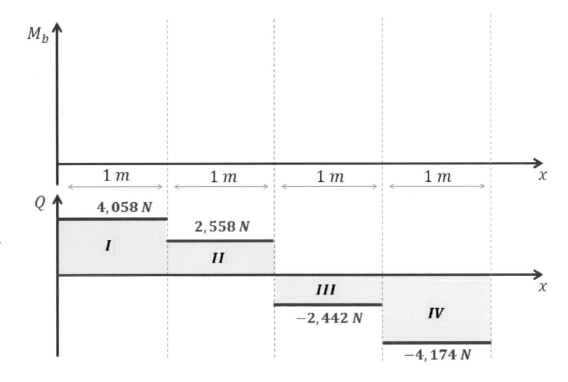

Abb. 1.44

Bevor wir dies tun, wollen wir kurz diskutieren, was die Integrationskonstante C eigentlich bedeutet.

$$M_b = \int Q \cdot dx + C \tag{1.38}$$

Die Integrationskonstante C ist die Anfangsbedingung für den Parameter, der sich aus der Integration ergibt.

Für unser Problem ist die Integrationskonstante C die Anfangsbedingung für das Biegemoment M_b.

Jetzt ist also der richtige Zeitpunkt, um zu diskutieren, wo wir solche Anfangsbedingungen tatsächlich erhalten können, und um zu diskutieren, wie wir die Berechnungen des Biegemoments M_b erheblich vereinfachen können.

Bezeichnung	Symbol	Normalkraft N	Querkraft Q	Biegemoment M_b
freies Ende		0	0	0
Festlager		$\neq 0$	$\neq 0$	0
Loslager		0	$\neq 0$	0

Tabelle. I.d

Werfen wir einen Blick auf die Tabelle oben:

Wenn wir uns entlang des Balkens (siehe Aufgabe) von links nach rechts bewegen, wäre die Ausgangsbedingung für das Biegemoment M_b sein Wert am Loslager, der gemäß der obigen Tabelle $M_b = 0$ ist.

Bewegen wir uns entlang des Balkens (siehe Aufgabe) von rechts nach links, so ist die Ausgangsbedingung für das Biegemoment M_b der Wert am Festlager, der auch gemäß der obigen Tabelle $M_b = 0$ ist.

Ohne Berechnung und nur mit Hilfe der obigen Tabelle kennen wir also bereits zwei Werte des Biegemoments M_b: Am Loslager und am Festlager, und diese Werte sind absolut korrekt!

Wir können diese Werte sofort in die Zeichnung eintragen!

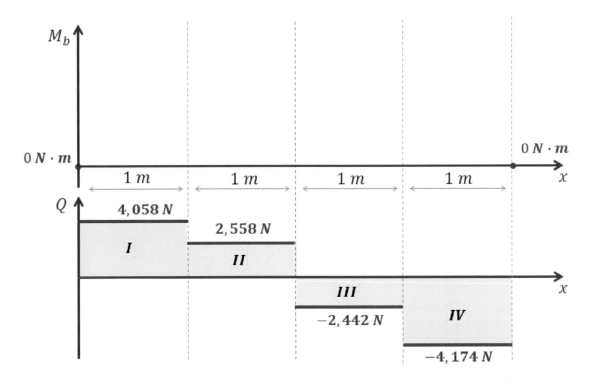

Abb. 1.45

Nun beginnen wir mit dem Bereich *I*: Hier beträgt die Querkraft $Q = 4,058\ N$.

Dann:

$$M_b = \int Q \cdot dx + C \qquad (1.38)$$

Wir setzen in diese Gleichung $Q = 4,058\ N$ sowie $C = C_I = 0$ ein, was entsprechend der **Tabelle I.d** dem Anfangswert des Biegemoments am Loslager $M_b = 0$ entspricht.

$$M_b = \int 4,058\ N \cdot dx + 0 = 4,058\ N \cdot x \qquad (1.39)$$

Jetzt müssen wir nur den M_b Wert bei $x = 1\ m$ ausrechnen:

$$M_b(x = 1\ m) = 4,058\ N \cdot 1m = 4,058\ N \cdot m \qquad (1.40)$$

Diesen Wert können wir sofort in die Zeichnung eintragen!

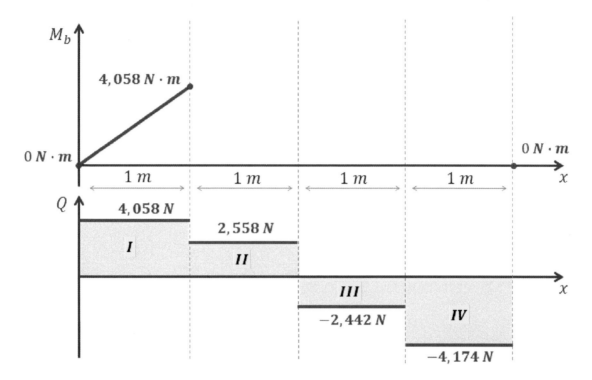

Abb. 1.46

Nun fahren wir mit dem Bereich *II* fort: Hier beträgt die Querkraft $Q = 2,558\,N$.

$$M_b = \int 2,558\,N \cdot dx + C_{II} = 2,558\,N \cdot x + C_{II} \tag{1.41}$$

Nun haben wir also ein Problem: Wie können wir die Integrationskonstante C_{II} bestimmen, wenn wir uns innerhalb des Balkens befinden und die **Tabelle I.d** nicht mehr verwenden können? Dies ist eigentlich ganz einfach: Der Anfangswert für M_b im Bereich *II* ist der gleiche wie der Endwert für M_b in Bereich *I*. Wir müssen im Grunde die Gleichung (1.40) nehmen und diesen Wert als $C_{II} = 4,058\,N \cdot m$ einsetzen.

$$M_b = 2,558\,N \cdot x + 4,058\,N \cdot m \tag{1.42}$$

Wichtig: Da der Bereich II 1 *m* lang ist, müssen wir nur den M_b-Wert nochmal bei $x = 1\,m$ berechnen:

$$M_b(x = 1\,m) = 2.558\,N \cdot 1\,m + 4.058\,N \cdot m = 6.616\,N \cdot m \tag{1.43}$$

Diesen Wert können wir sofort in die Zeichnung eintragen!

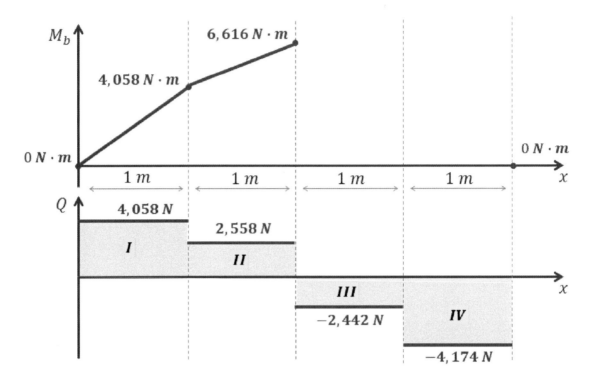

Abb. 1.47

Nun fahren wir mit dem Bereich **III** fort: Hier beträgt die Querkraft $Q = -2,442\ N$.

$$M_b = \int(-2,442\ N)\cdot dx + C_{III} = -2,442\ N \cdot x + C_{III} \qquad (1.44)$$

Andererseits ist der Anfangswert für M_b im Bereich **III** der gleiche wie der Endwert für M_b im Bereich **II**. Wir müssen im Grunde genommen die Gleichung (1.43) nehmen und diesen Wert als $C_{III} = 6,616\ N \cdot m$ setzen.

$$M_b = -2,442\ N \cdot x + 6,616\ N \cdot m \qquad (1.45)$$

Wichtig: Da der Bereich III 1 m lang ist, müssen wir nur den M_b-Wert nochmal bei $x = 1\ m$ berechnen:

$$M_b(x = 1\ m) = -2,442\ N \cdot 1\ m + 6,616\ N \cdot m = 4,174\ N \cdot m \qquad (1.46)$$

Diesen Wert können wir sofort in die Zeichnung eintragen!

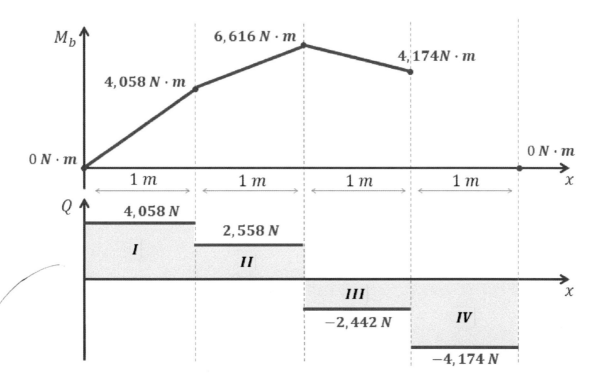

Abb. 1.48

Nun haben wir zwei Möglichkeiten:

Das erste (und einfachste) wäre, die beiden bisher nicht verbundenen Punkte in der Zeichnung für M_b direkt zu verbinden und damit die Lösung des Problems zu vervollständigen!

Das machen wir sofort!

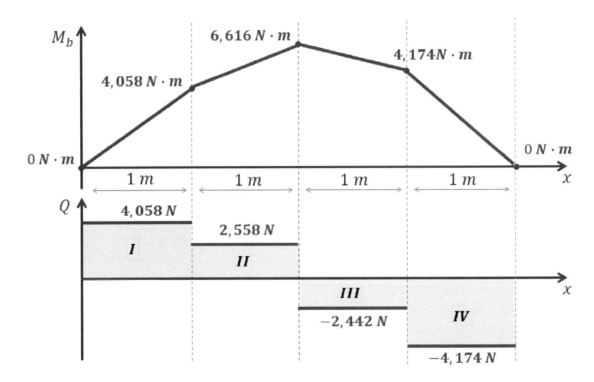

Abb. 1.49

Die zweite Möglichkeit ist optional und wäre die Kontrollmöglichkeit: Wir machen mit der Lösung weiter, fahren mit dem Bereich **IV** fort und führen alle Berechnungen durch. Wenn wir am Ende des Bereichs **IV** oder am Festlager $M_b = 0$ erhalten, beweist dies, dass alle unsere Berechnungen korrekt sind. Also lass es uns tun: Im Bereich **IV** beträgt die Querkraft $Q = -4,174\ N$.

$$M_b = \int (-4,174\ N) \cdot dx + C_{IV} = -4,174\ N \cdot x + C_{IV} \tag{1.47}$$

Andererseits ist der Anfangswert für M_b im Bereich **IV** der gleiche wie der Endwert für M_b im Bereich **III**. Wir müssen im Grunde genommen die Gleichung (1.46) nehmen und diesen Wert auf $C_{IV} = 4,174\ N \cdot m$ setzen.

$$M_b = -4,174\ N \cdot x + 4,174\ N \cdot m \tag{1.48}$$

Wichtig: Da der Bereich *IV* 1 *m* lang ist, müssen wir nur den M_b-Wert nochmal bei $x = 1\ m$ berechnen:

$$M_b(x = 1\ m) = -4,174\ N \cdot 1\ m + 4,174\ N \cdot m = 0 \tag{1.49}$$

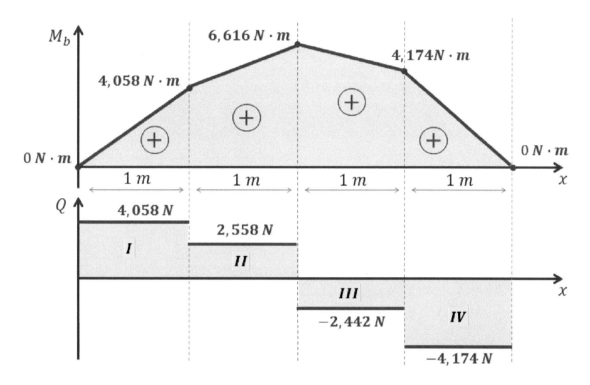

Abb. 1.50

Wir haben unsere Berechnungen überprüft und am Festlager tatsächlich den Wert $M_b = 0$ erhalten, was automatisch die Richtigkeit der Berechnungen beweist!

Lösung / Aufgabe 1

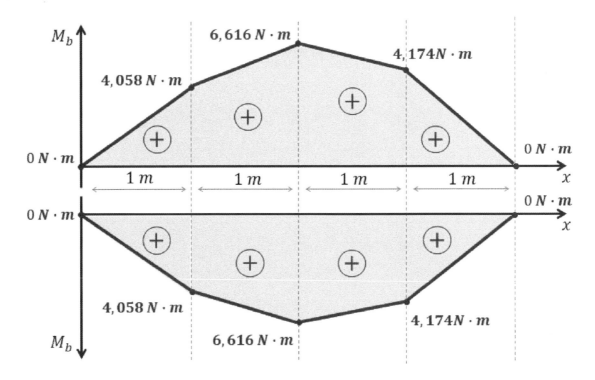

Abb. 1.51

Und als Letztes: In der Literatur kann man oft sehen, dass die Biegemomentachse nach unten zeigt, Du musst aber wissen, dass beide Biegemomentachsen Richtungen (nach oben und nach unten) richtig sind!

In welcher Richtung Du die Biegemomentachse präsentierst, liegt also ganz bei Dir!

Nun sind wir wirklich fertig und haben die Aufgabe 1 erfolgreich gelöst! ☺

Aufgabe 2

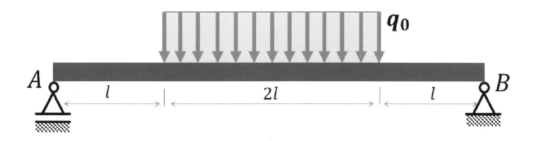

Abb. 2.1

*Aufgabe: Auf den Balken in **Abb. 2.1** wirkt eine konstante Streckenlast.*

- *Bestimme die Lagerkräfte,*

- *Bestimme den Verlauf von Normalkraft, Querkraft und Biegemoment.*

Gegeben: $q_0 = 5 \frac{kN}{m}, \quad l = 1 \, m.$

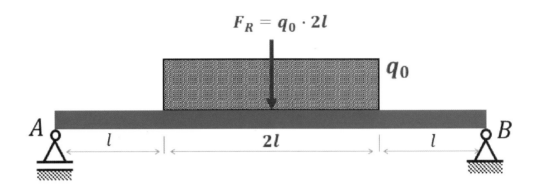

Abb. 2.2

Zunächst ersetzen wir die Streckenlast durch die resultierende Kraft F_R. Die resultierende Kraft ist algebraisch gleich der ‚Fläche' der Streckenlast und wirkt im Schwerpunkt der Streckenlast. Berechnen wir also F_R:

Die Länge der Streckenlast beträgt $2l = 2 \cdot 1\,m = 2\,m$.

Die Höhe der Streckenlast beträgt $q_0 = 5\,\frac{kN}{m}$.

$$F_R = q_0 \cdot 2l = 5\,\frac{kN}{m} \cdot 2\,m = 10\,kN \tag{2.1}$$

Wichtig: Die Streckenlast darf nur zur Berechnung der Lagerkräfte durch die Kraft F_R ersetzt werden! Für die Berechnung der Querkräft und Biegemoment ist die in der Aufgabe angegebene Belastung anzunehmen!

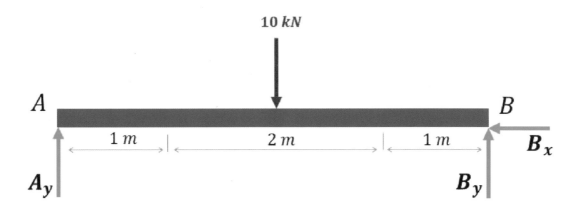

Abb. 2.3

Jetzt haben wir die Streckenlast durch die resultierende Kraft von **10 kN** ersetzt.

Dann haben wir die Lagerkräfte definiert: A_y für das Loslager links und B_x und B_y für das Festlager rechts.

Nochmals: Es spielt keine Rolle, wie Du die Wirkrichtung der Lagerkräfte definierst (siehe Aufgabe 1)!

Um die Lagerkräfte zu bestimmen, erstellen wir drei Gleichgewichtsgleichungen: Für die Kräfte in x-Richtung, in y-Richtung und eine Gleichung für die Drehmomente. Hier sind die ersten beiden:

$$\sum F_{ix} = 0 = -B_x \tag{2.2}$$

$$\rightarrow B_x = 0\ kN \tag{2.3}$$

$$\sum F_{iy} = 0 = A_y - 10\ kN + B_y \tag{2.4}$$

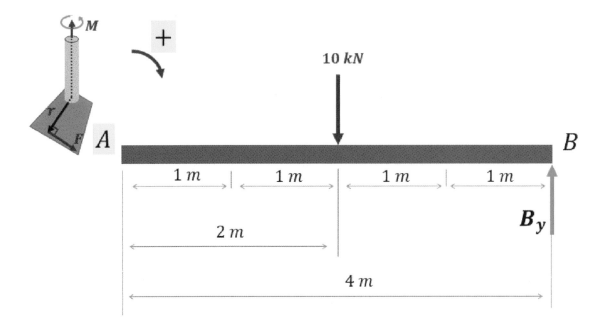

Abb. 2.4

Jetzt können wir die Gleichung für die Drehmomente bestimmen. Wir definieren den Bezugspunkt im Loslager (Punkt **A**) und vervollständigen mit der folgenden Gleichung das lineare Gleichungssystem zur Berechnung der Lagerkräfte.

Wie wir zuvor besprochen haben, wirkt die resultierende Kraft von **10 kN** im Schwerpunkt der Streckenlast, was bedeutet, dass diese Kraft die **2m** Länge der Streckenlast in **1m** Hälften teilt.

Anschließend definieren wir den Bezugspunkt im Festlager (Punkt **B**) und überprüfen anhand dieser Gleichung, ob unsere Lagerkräfte korrekt berechnet wurden.

Nach allen zuvor diskutierten Regeln (siehe Aufgabe 1) würde die erste Gleichung lauten:

$$\sum M^{(A)} = 0 = 2m \cdot 10\ kN - 4\ m \cdot B_y \qquad (2.5)$$

Jetzt haben wir alle Gleichungen und können fortfahren, um die Aufgabe zu lösen:

$$\sum F_{ix} = 0 = -B_x \tag{2.2}$$

$$\sum F_{iy} = 0 = A_y - 10\,kN + B_y \tag{2.4}$$

$$\sum M^{(A)} = 0 = 2m \cdot 10\,kN - 4\,m \cdot B_y \tag{2.5}$$

Um zu überprüfen, ob das obige lineare Gleichungssystem lösbar ist, müssen wir zählen, wie viele Unbekannte und wie viele Gleichungen wir haben:

Wir haben also **drei Gleichungen:** (2.2), (2.4) und (2.5),

und wir haben **drei unbekannte Kräfte:** B_x, A_y und B_y.

Wir haben drei Unbekannte und drei Gleichungen: Das heißt, das lineare Gleichungssystem ist lösbar!

Lösung / Aufgabe 2

Das Lösen eines linearen Gleichungssystems kann auf verschiedene Arten erfolgen. Wir werden hier die Intuitivste verfolgen. Wir haben zuvor erhalten, dass die Gleichung (2.2) ergibt:

$$B_x = 0 \, kN \tag{2.3}$$

Nun liefert die Gleichung (2.5) den Wert von B_y:

$$B_y = \frac{2m \cdot 10 \, kN}{4 \, m} = 5 \, kN \tag{2.6}$$

Damit liefert die Gleichung (2.4) schließlich den Wert von A_y:

$$A_y = 10 \, kN - B_y = 10 \, kN - 5 \, kN = 5 \, kN \tag{2.7}$$

So, wir haben alle Lagerkräfte erhalten:

$$B_x = 0 \, kN \tag{2.3}$$

$$B_y = 5 \, kN \tag{2.6}$$

$$A_y = 5 \, kN \tag{2.7}$$

Was wir noch tun können, ist zu überprüfen, ob die berechneten Lagerkräfte korrekt sind. Dazu müssten wir eine zusätzliche Gleichung für das Kraftmoment erstellen, jetzt mit dem Bezugspunkt am Festlager (Punkt B).

Lösung / Aufgabe 2

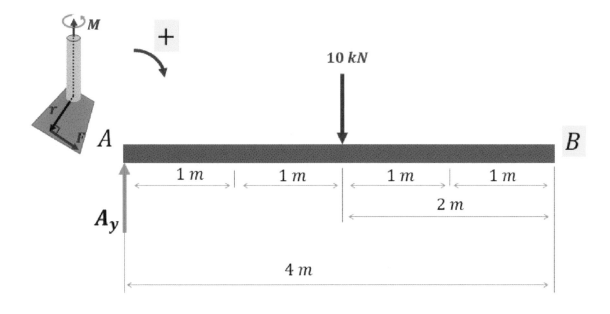

Abb. 2.5

Nach allen zuvor diskutierten Regeln würde diese Gleichung lauten:

$$\sum M^{(B)} = 0 = 4\,m \cdot A_y - 2m \cdot 10\,kN \tag{2.8}$$

Nun können wir in die Gleichung (2.8) den zuvor erhaltenen Wert (Gleichung (2.7)) von $A_y = 5\,kN$ eingeben und beweisen, dass $\sum M^{(B)} = 0$ ist.

$$4\,m \cdot 5\,kN - 2m \cdot 10\,kN = 20\,kN - 20\,kN = 0 \tag{2.9}$$

Die Tatsache, dass die Summe $\sum M^{(B)}$ tatsächlich rechnerisch Null ist, bedeutet also, dass die Lagerkräfte korrekt berechnet wurden! Auch diese Art der Kontrolle des Ergebnisses ist optional und sollte nur durchgeführt werden, wenn Sie genügend Zeit dazu haben!

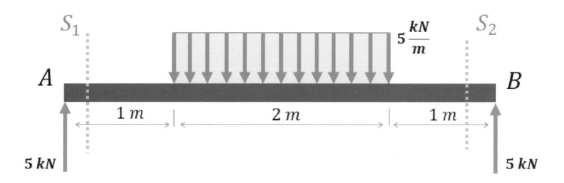

Abb. 2.6

Unser nächster Lösungsschritt ist, die Normalkraft N und die Querkraft Q zu bestimmen und grafisch darzustellen. Dies kann auf verschiedene Arten geschehen (siehe Aufgabe 1). Wir wählen die einfachste Lösungsmöglichkeit: Für diese Lösungsmöglichkeit werden wir grundsätzlich nur zwei Schnitte benötigen.

Der obligatorische Schnitt S_1 erfolgt direkt nach dem Loslager, um die Anfangswerte der Normalkraft N und der Querkraft Q zu erhalten.

Ein weiterer Schnitt ist nicht obligatorisch, es handelt sich um einen Kontrollschnitt S_2 unmittelbar vor dem Festlager. Hier erhalten wir die Kontrollwerte der Normalkraft N und der Querkraft Q, um zu überprüfen, ob unsere Lösung korrekt ist. Die Lösung zu kontrollieren oder nicht, ist optional und hängt im Allgemeinen davon ab, ob man es für notwendig hält oder ob man genug Zeit hat, dies zu tun.

Schließlich erhalten wir durch Integration der Querkraft Q das Biegemoment M_b.

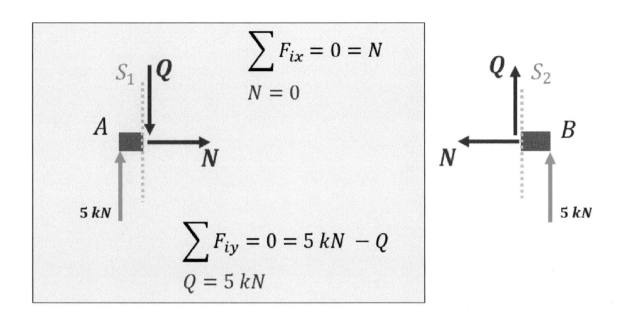

$$\sum F_{ix} = 0 = N$$
$$N = 0$$

$$\sum F_{iy} = 0 = 5\,kN - Q$$
$$Q = 5\,kN$$

Abb. 2.7

Zunächst werden die Gleichgewichtsgleichungen für die Kräfte für den Schnitt S_1 bestimmt:

$$\sum F_{ix} = 0 = N \tag{2.10}$$

$$N = 0\,kN \tag{2.11}$$

$$\sum F_{iy} = 0 = 5\,kN - Q \tag{2.12}$$

$$Q = 5\,kN \tag{2.13}$$

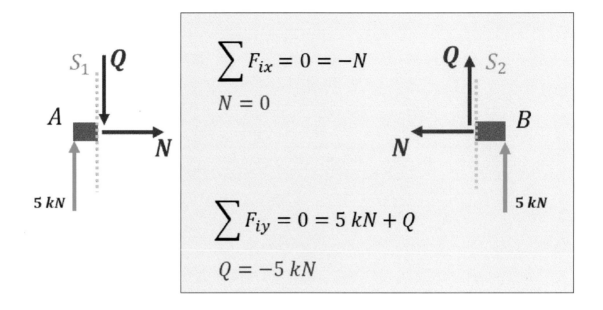

Abb. 2.8

Dann müssen wir die Gleichgewichtsgleichungen für die Kräfte für den Abschnitt S_2 bestimmen, die die Kontrollwerte für die Normalkraft N und dann für die Querkraft Q ergeben:

$$\sum F_{ix} = 0 = -N \tag{2.14}$$

$$N = 0 \, kN \tag{2.15}$$

$$\sum F_{iy} = 0 = 5 \, kN + Q \tag{2.16}$$

$$Q = -5 \, kN \tag{2.17}$$

Jetzt müssen wir also keine einzige Gleichgewichtsgleichung mehr erstellen! Zuerst werden wir uns getrennt mit der Normalkraft N und dann mit der Querkraft Q befassen.

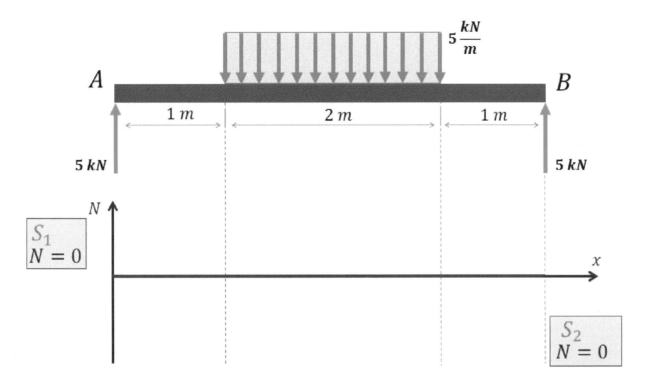

Abb. 2.9

Wir beginnen also mit der Normalkraft N.

Nach der Gleichung (2.11) und nach der Gleichung (2.15) ist der Anfangswert der Normalkraft $N = 0\ kN$, sowie der Kontrollwert $N = 0\ kN$.

Für die Normalkraft N werden wir nur die in x-Richtung wirkenden Kräfte berücksichtigen, da die Normalkraft N auch in x-Richtung wirkt.

Da wir keine in x-Richtung wirkenden Kräfte haben, ist der Wert der Normalkraft N überall konstant $N = 0\ kN$.

Dieses Ergebnis haben wir in die Zeichnung eingezeichnet.

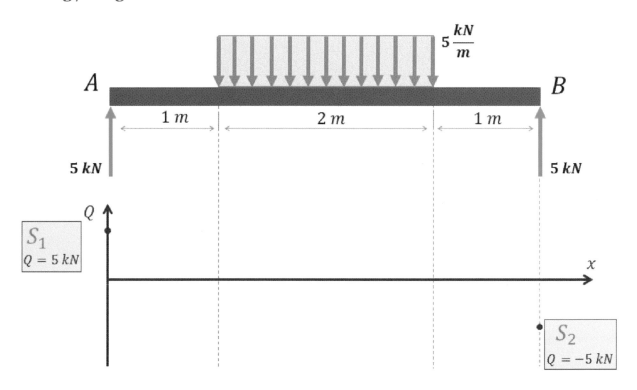

Abb. 2.10

Nun werden wir mit der Querkraft Q fortfahren.

Entsprechend der Gleichung (2.13) können wir in die Zeichnung den Anfangswert der Querkraft $Q = 5\ kN$, sowie den Kontrollwert $Q = -5\ kN$ gemäß der Gleichung (2.17) einzeichnen.

Für die Querkraft Q werden wir nur die in y-Richtung wirkenden Kräfte berücksichtigen, d.h. für diese Aufgabe nur die Streckenlast, da die Querkraft Q auch in y-Richtung wirkt.

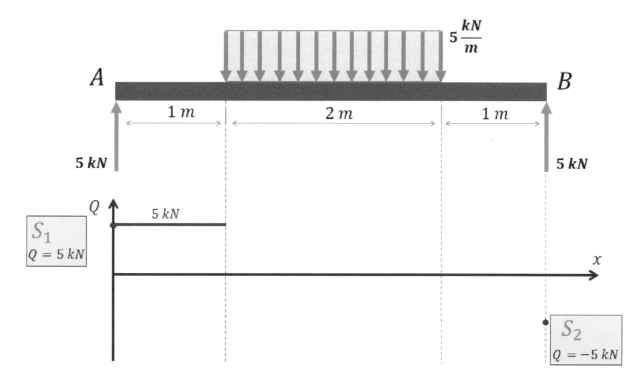

Abb. 2.11

Die Querkraft Q bleibt konstant auf dem Wert von $Q = 5\,kN$, bis die Streckenlast erreicht ist.

Dieses Ergebnis können wir sofort in die Zeichnung übernehmen.

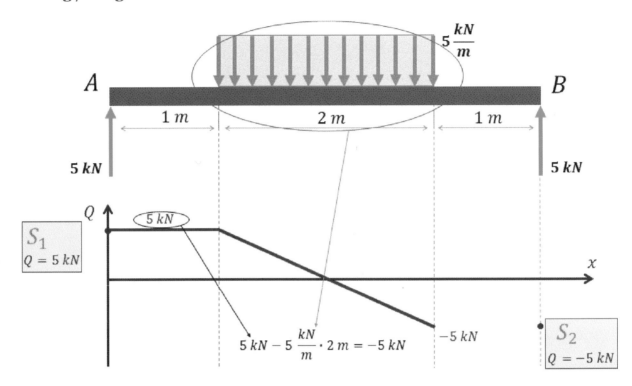

Abb. 2.12

Wenn die Streckenlast erreicht ist, ändert sich das Verhalten der Querkraft Q.

Die Querkraft Q ist nicht wie zuvor konstant, sondern nimmt linear ab und verliert insgesamt den Wert der Streckenlast oder $5\frac{kN}{m} \cdot 2\,m = 10\,kN$, siehe Gleichung (2.1).

Dieses Ergebnis können wir in die Zeichnung übernehmen.

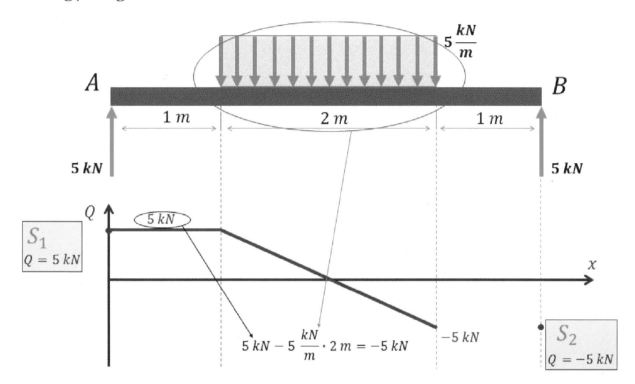

Abb. 2.12

Bevor wir weiter machen, ein bisschen Theorie. Algebraisch ist die Querkraft Q definiert als:

$$Q = -\int q(x)dx + C \qquad (2.18)$$

Hier ist $q(x)$ die Streckenlast in Abhängigkeit von der Koordinate x und C ist die Integrationskonstante, die für unsere Aufgabe den Anfangswert der Querkraft Q oder den Wert der Querkraft Q unmittelbar vor der Streckenlast bedeuten würde.

Mathematisch bedeutet dies, dass die Querkraft Q einen Integrationsschritt höher ist als die Streckenlast $q(x)$.

Wenn die Streckenlast $q(x)$ konstant ist, wie in unserer Aufgabe $q(x) = q_0 = 5\frac{kN}{M}$, dann ist die Querkraft Q einen Integrationsschritt höher als q_0 oder linear.

Wenn $q(x)$ selbst linear ist, ist die Querkraft Q einen Integrationsschritt höher als $q(x)$ oder quadratisch.

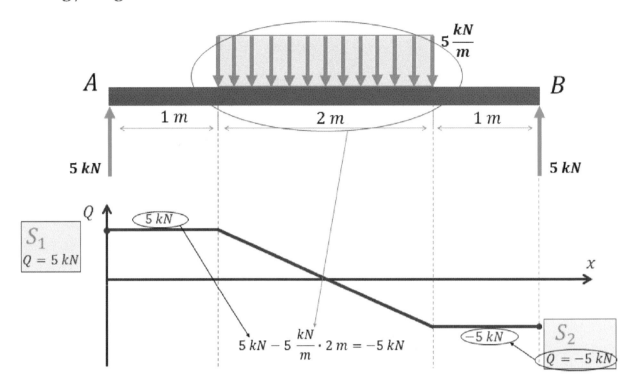

Abb. 2.13

Schließlich ist nach der Streckenlast die Querkraft Q wieder konstant bei dem Wert von $Q = -5\,kN$.

Dieses Ergebnis haben wir in die Zeichnung integriert.

Wenn wir das Ergebnis erneut überprüfen möchten (dies ist optional, nicht unbedingt erforderlich), müssen wir den Wert der soeben erhaltenen Querkraft ($Q = -5\,kN$) mit dem Kontrollwert aus dem Abschnitt S_2 ($Q = -5\,kN$) vergleichen. Wie Du siehst, sind beide Werte identisch, was bedeutet, dass unsere Lösung soweit korrekt ist!

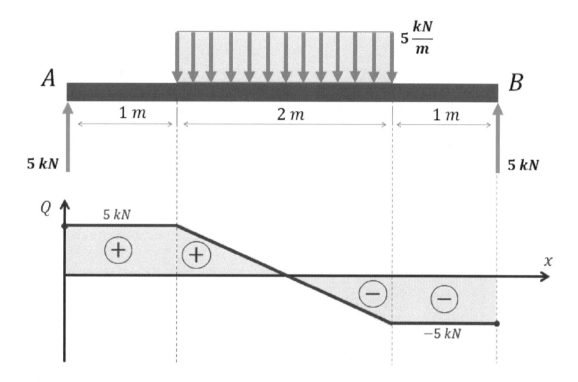

Abb. 2.14

Jetzt sind wir mit der Querkraft fertig und können mit dem Biegemoment weitermachen!

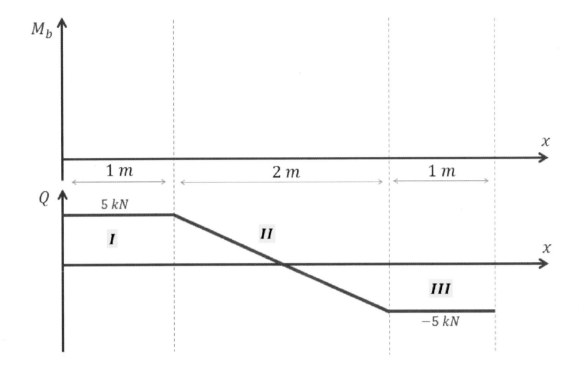

Abb. 2.15

Die mathematische Definition des Biegemoments M_b ist, dass es durch Integration der Querkraft Q plus einer Integrationskonstante C erhalten wird.

$$M_b = \int Q \cdot dx + C \tag{1.38}$$

Wenn wir uns nun die Zeichnung für die Querkraft Q ansehen, können wir mehrere Bereiche (**I**, **II** und **III**) identifizieren, in denen die Querkraft Q unterschiedlich ist:

Bereich **I**: $Q = 5\,kN = konst$

Bereich **II**: $Q = linear$

Bereich **III**: $Q = -5\,kN = konst$

Für jeden dieser Bereiche müssen wir die Querkraft Q integrieren, um das Biegemoment M_b zu erhalten.

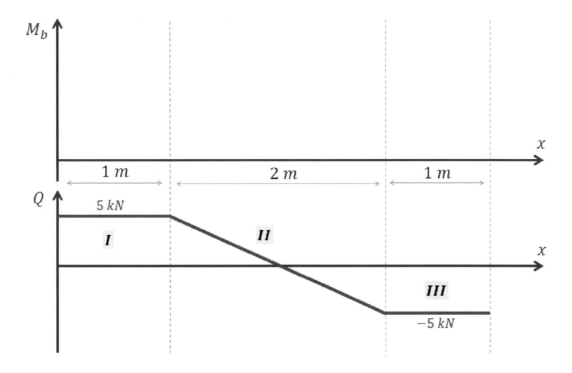

Abb. 2.15

Bevor wir dies tun, wollen wir kurz wiederholen, was die Integrationskonstante C eigentlich bedeutet: Die Integrationskonstante C ist die Anfangsbedingung für den Parameter, der als Ergebnis der Integration erhalten wird. Für unsere Aufgabe ist die Integrationskonstante C die Anfangsbedingung für das Biegemoment M_b.

Bezeichnung	Symbol	Normalkraft N	Querkraft Q	Biegemoment M_b
freies Ende		0	0	0
Festlager		$\neq 0$	$\neq 0$	0
Loslager		0	$\neq 0$	0

Tabelle. I.d

Auch hier verwenden wir die obige Tabelle, um unnötige Berechnungen zu vermeiden.

Wenn wir uns entlang des Balkens (siehe Aufgabe) von links nach rechts bewegen, wäre die Ausgangsbedingung für das Biegemoment M_b sein Wert am Loslager, der gemäß der Tabelle $M_b = 0$ ist.

Bewegen wir uns entlang des Balkens (siehe Aufgabe) von rechts nach links, so ist die Ausgangsbedingung für das Biegemoment M_b der Wert am Festlager, der auch gemäß der obigen Tabelle $M_b = 0$ ist.

Ohne Berechnung und nur mit Hilfe der obigen Tabelle kennen wir also bereits zwei Werte des Biegemoments M_b: Am Loslager und am Festlager, und diese Werte sind absolut korrekt!

Wir können diese Werte sofort in die Zeichnung eintragen!

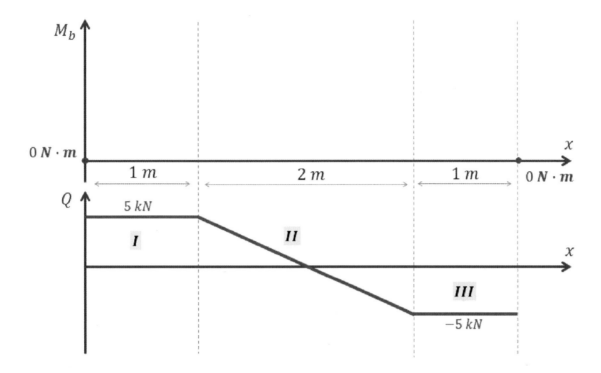

Abb. 2.16

Nun beginnen wir mit dem Bereich **I**: Hier beträgt die Querkraft $Q = 5\,kN$.

Dann:

$$M_b = \int Q \cdot dx + C \qquad (1.38)$$

In diese Gleichung geben wir $Q = 5\,kN$ sowie $C = C_I = 0$ ein, was entsprechend der **Tabelle I.d** dem Anfangswert des Biegemoments am Loslager entspricht.

$$M_b = \int 5\,kN \cdot dx + C_I = \int 5\,kN \cdot dx + 0 = 5\,kN \cdot x \qquad (2.18)$$

Jetzt müssen wir nur noch den M_b-Wert bei $x = 1\,m$ berechnen:

$$M_b(x = 1\,m) = 5\,kN \cdot 1m = 5\,kN \cdot m \qquad (2.19)$$

Diesen Wert können wir sofort in die Zeichnung eintragen!

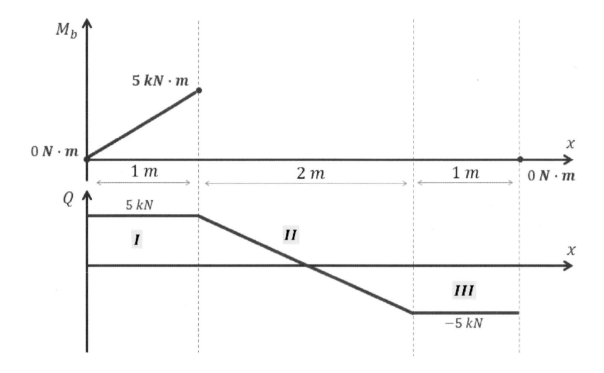

Abb. 2.17

Beginnen wir nun mit dem Bereich *II*: Hier ist die Querkraft *Q* linear.

Nochmal:

$$M_b = \int Q \cdot dx + C \qquad (1.38)$$

Unser Problem ist nun, dass wir zuerst die Gleichung für die Querkraft *Q* erhalten müssen, um das Biegemoment M_b zu erhalten.

Dann müsste abgeschätzt werden, wo genau die Querkraft *Q* = 0 ist, denn dann erreicht das Biegemoment den Maximalwert $M_b = M_{bmax}$.

Lass uns das machen!

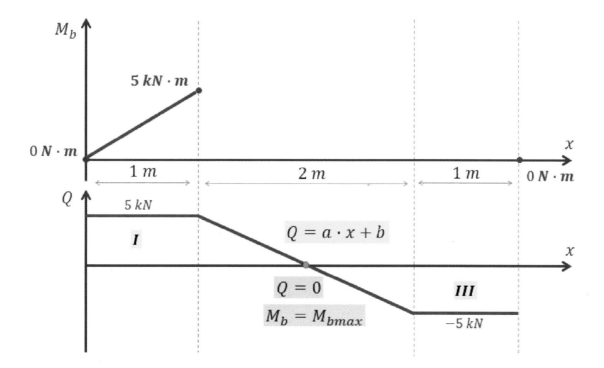

Abb. 2.18

Wir beginnen mit der Gleichung für die Querkraft Q:

Die Gleichung für die Querkraft Q kann als Geradengleichung geschrieben werden:

$$Q(x) = a \cdot x + b \qquad (2.20)$$

Hier ist:

$a = konst$ und ist die Steigung der Geraden;

$b = konst$ und ist der Q -Achsenabschnitt der Geraden oder der Wert der Querkraft Q, kurz bevor sie ihr Verhalten von konstant auf linear geändert hat;

Und x ist eine Koordinate oder die unabhängige Variable der Querkraft als Funktion $Q(x)$.

Bestimmen wir also die Steigung und den Achsenabschnitt der Geraden!

Lösung / Aufgabe 2

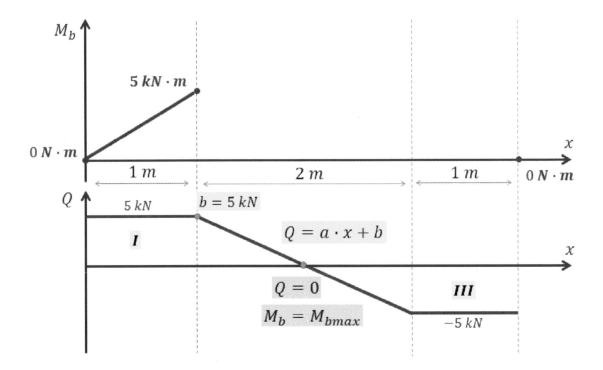

Abb. 2.19

Wir werden mit der Bestimmung des Achsenabschnitts **b** der Geraden beginnen.

b = konst ist der Wert der Querkraft **Q**, kurz bevor sie ihr Verhalten von konstant auf linear geändert hat.

Wenn wir uns also die obige Zeichnung ansehen, können wir leicht den Wert von **b** ablesen:

$$b = 5\ kN \tag{2.21}$$

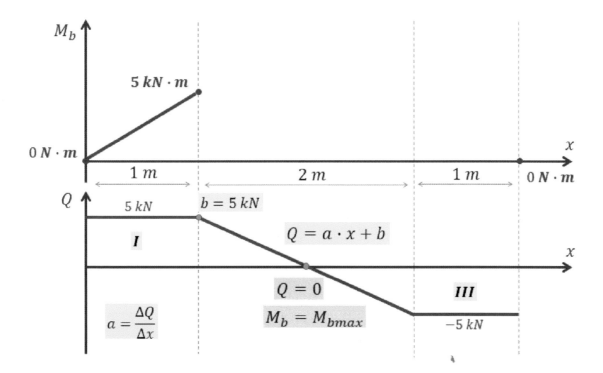

Abb. 2.20

Wir werden mit der Bestimmung der Steigung der Geraden *a* fortfahren.

Die allgemeine Definition der Steigung der Geraden wäre die vertikale Änderung oder ΔQ geteilt durch die horizontale Änderung oder Δx:

$$a = \frac{\Delta Q}{\Delta x} \tag{2.22}$$

Nun müssen wir also im Allgemeinen in der obigen Zeichnung ΔQ und Δx identifizieren und dann die Werte von ΔQ und Δx numerisch berechnen.

Lass uns das machen!

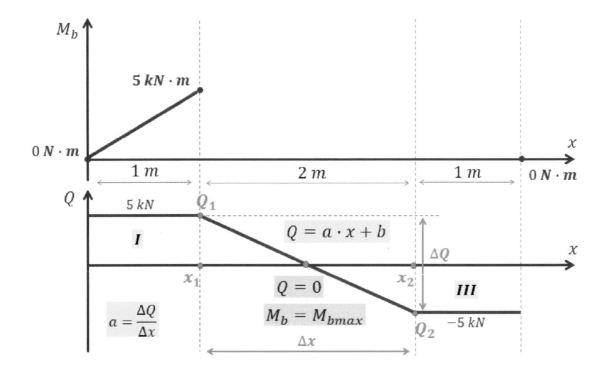

Abb. 2.21

Wir haben die Änderung ΔQ und Δx in der Zeichnung markiert:

$$a = \frac{\Delta Q}{\Delta x} = \frac{Q_2 - Q_1}{x_2 - x_1} \tag{2.23}$$

Aus der obigen Zeichnung können wir ablesen, dass:

$$Q_2 = -5\ kN$$

$$Q_1 = 5\ kN$$

Dann ist:

$$\Delta Q = Q_2 - Q_1 = -5\ kN - 5\ kN = -10\ kN \tag{2.24}$$

Weiter ist:

$$\Delta x = x_2 - x_1 = 2\ m \tag{2.25}$$

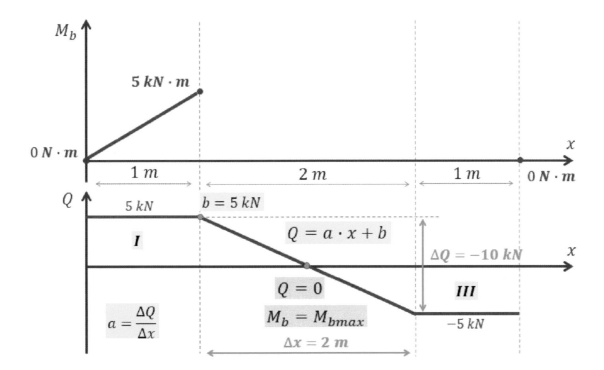

Abb. 2.22

Schließlich ist:

$$a = \frac{\Delta Q}{\Delta x} = \frac{-10\,kN}{2\,m} = -5\,\frac{kN}{m} \qquad (2.26)$$

Jetzt können wir die erhaltenen Werte von **a** und **b** in die Gleichung (2.20) einsetzen:

$$Q(x) = a \cdot x + b = -5\,\frac{kN}{m} \cdot x + 5\,kN \qquad (2.27)$$

Dann ist:

$$M_b = \int \left(-5\,\frac{kN}{m} \cdot x + 5\,kN\right) dx + C_{II} \qquad (2.28)$$

Nach Gleichung (2.19) ist $C_{II} = M_b(x = 1\,m) = 5\,kN \cdot m$

Schließlich nach dem Integrieren und Einfügen der Integrationskonstante:

$$M_b = -5\,\frac{kN}{m} \cdot \frac{x^2}{2} + 5\,kN \cdot x + 5\,kN \cdot m \qquad (2.29)$$

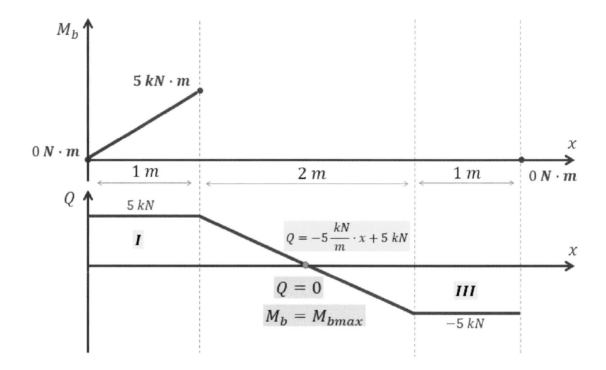

Abb. 2.23

Unser nächster Schritt wäre abzuschätzen, wo genau die Querkraft $Q = 0$ ist, denn dann nimmt das Biegemoment den Maximalwert $M_b = M_{bmax}$ an.

Dazu setzen wir die Gleichung, die wir für die Querkraft erhalten haben, auf Null und lösen diese Gleichung, um die Koordinate x zu erhalten, die dem $Q = 0$ entspricht.

$$Q(x) = -5\,\frac{kN}{m} \cdot x + 5\,kN = 0 \;\text{ liefert }\; -5\,\frac{kN}{m} \cdot x = -5\,kN \;\text{ und}$$

$$x = \frac{-5\,kN}{-5\frac{kN}{m}} = 1\,m \tag{2.30}$$

Den Wert $x = 1\,m$ geben wir in die Gleichung für das Biegemoment ein, um $M_b = M_{bmax}$ zu erhalten.

$$M_b = -5\,\frac{kN}{m} \cdot \frac{(1\,m)^2}{2} + 5\,kN \cdot (1\,m) + 5\,kN \cdot m = -2,5\,kN \cdot m + 5\,kN \cdot m +$$

$$5\,kN \cdot m = 7,5\,kN \cdot m \tag{2.31}$$

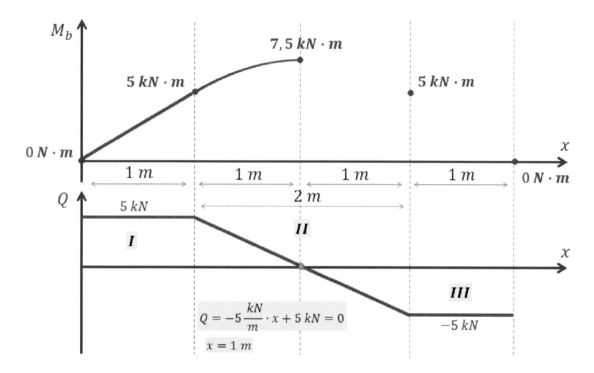

Abb. 2.23

Den Wert $M_b = M_{bmax} = 7,5\ kN \cdot m$ haben wir bereits in die Zeichnung eingetragen. **Nochmals: Wenn die Querkraft selbst linear ist, sollte das Biegemoment einen Integrationsschritt höher, also quadratisch sein!**

Nun geben wir den Wert $x = 2\ m$ in die Gleichung für das Biegemoment ein, um den Wert des Biegemoments am Ende des Bereichs **II** zu erhalten.

$$M_b = -5\,\frac{kN}{m} \cdot \frac{(2\ m)^2}{2} + 5\ kN \cdot (2\ m) + 5\ kN \cdot m = -10\ kN \cdot m + 10\ kN \cdot m +$$

$$5\ kN \cdot m = 5\ kN \cdot m \tag{2.32}$$

Diesen Wert können wir sofort in die Zeichnung eintragen!

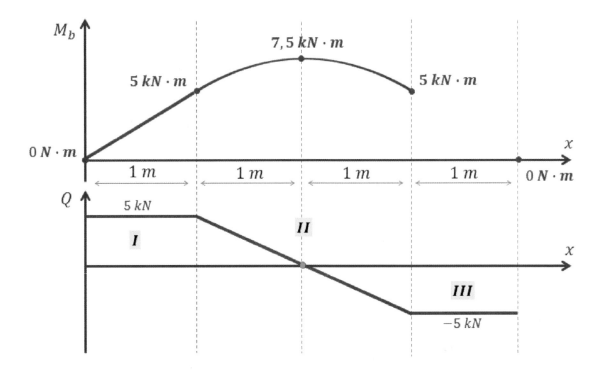

Abb. 2.24

Zum Schluss können wir einfach den **7, 5 kN · m** Punkt und den **5 kN · m** Punkt verbinden und unsere Berechnungen vervollständigen.

Oder wir können noch einen Schritt weiter gehen und den letzten Lösungsschritt ausführen, um unsere vorherigen Berechnungen zu kontrollieren: Nun, jetzt beginnen wir mit dem Bereich **III**: Hier beträgt die Querkraft $Q = -5\ kN$.

Wir geben $Q = -5\ kN$ in die Gleichung (1.38) sowie $C = C_{III} = 5\ kN \cdot m$ ein, was der Gleichung (2.32) entspricht:

$$M_b = \int -5\ kN \cdot dx + C_{III} = -5\ kN \cdot x + 5\ kN \cdot m \qquad (2.33)$$

Jetzt müssen wir nur noch den M_b-Wert bei $x = 1\ m$ berechnen:

$$M_b(x = 1\ m) = 5\ kN \cdot 1m + 5\ kN \cdot m = 0\ kN \cdot m \qquad (2.34)$$

Wir haben den Wert $M_b = 0\ kN \cdot m$ erhalten, der dem Tabellenwert des Biegemoments für das Festlager entspricht und damit bewiesen, dass alle unsere Berechnungen korrekt sind!

Lösung / Aufgabe 2

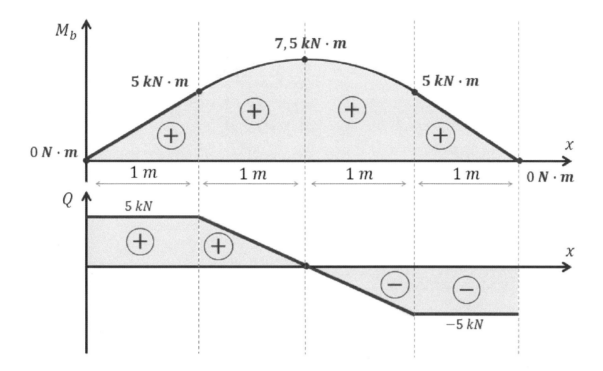

Abb. 2.25

Wir haben nun noch die Zeichnung fertiggestellt und die Bereiche markiert, in denen die Querkraft und das Biegemoment positiv und die Bereiche, in denen sie negativ sind.

Nun sind wir wirklich fertig und haben die Aufgabe 2 erfolgreich gelöst! ☺

Aufgabe 3

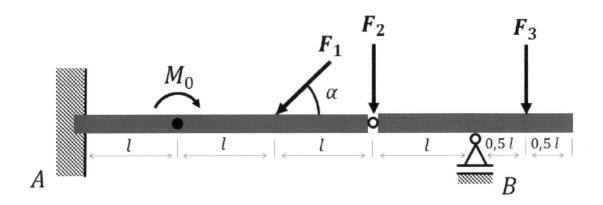

Abb. 3.1

*Aufgabe: Auf den Balken in **Abb. 3.1** wirken drei Kräfte F_1, F_2 und F_3 und ein Drehmoment M_0.*

- *Bestimme die Lagerkräfte,*
- *Bestimme die Verläufe der Normalkraft, der Querkraft und des Biegemomentes.*

Gegeben: $F_1 = 2\sqrt{2}\ kN$, $F_2 = 3\ kN$, $F_3 = 1\ kN$, $\alpha = 45°$, $l = 1\ m$.

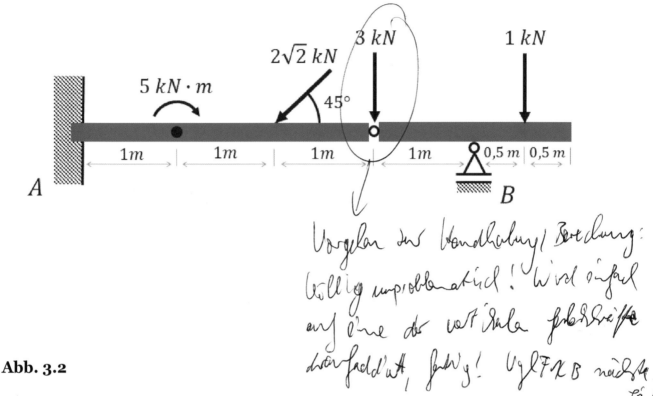

Abb. 3.2

Um die Lösung zu vereinfachen, haben wir zunächst die Werte der Kräfte, Momente und
Winkel in die Zeichnung geschrieben.

Nun beginnen wir mit der Ermittlung der Lagerkräfte. Dazu benötigen wir die **Tabelle I.a** sowie die **Tabelle I.b**.

Zusätzlich können wir für die Kraft $F_1 = 2\sqrt{2}\,F$ und den Winkel $\alpha = 45°$ leicht die entsprechenden x- und y-Komponenten berechnen.

$$F_{1x} = F_1 \cdot \cos 45° = 2\sqrt{2}\,F \cdot \cos 45° = 2F$$

$$F_{1y} = F_1 \cdot \sin 45° = 2\sqrt{2}\,F \cdot \sin 45° = 2F$$

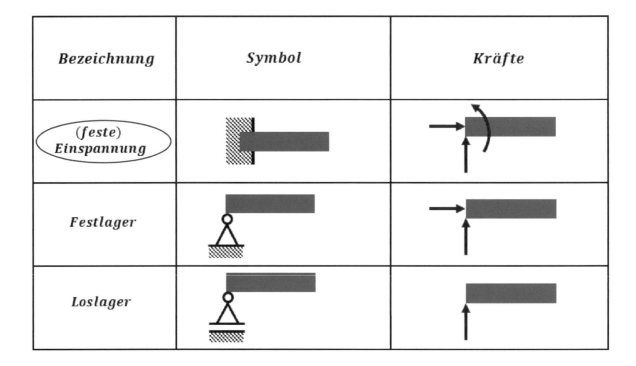

Tabelle. I.a

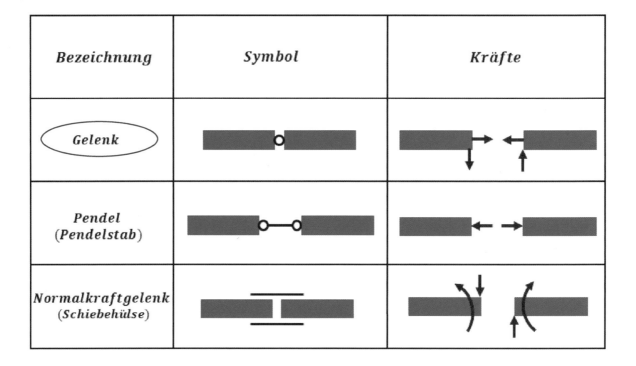

Tabelle. I.b

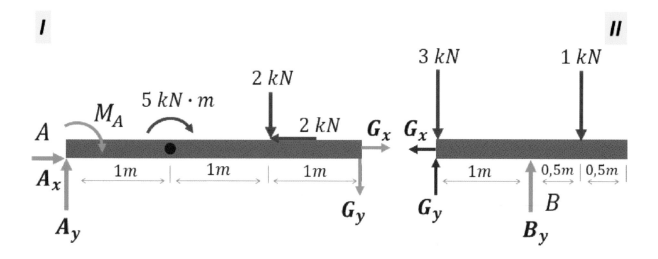

Abb. 3.3

Wie Du siehst, gibt es in dieser Aufgabe einige Eigenschaften, die wir zuvor nicht hatten:

Zunächst befindet sich links eine feste Einspannung. Dann müssen wir nach der **Tabelle I.a** zwei Lagerkräfte definieren, die in x- und in y-Richtung wirken, sowie ein Drehmoment M_A.

Zweitens befindet sich ungefähr in der Mitte des Balkens ein Gelenk. Dann müssen wir entsprechend der **Tabelle I.b** das gesamte System (oder den Balken) in zwei Teilsysteme (Teilsystem **I** and Teilsystem **II**) aufteilen und die Gelenkkräfte in x- und y-Richtung für beide Teilsysteme definieren.

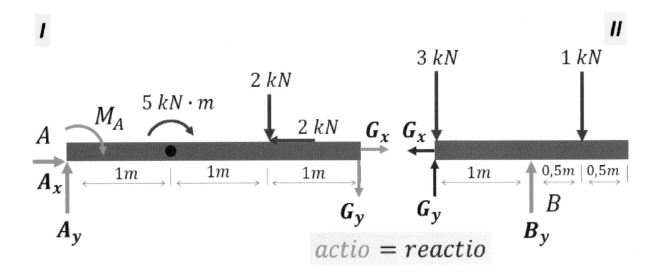

Abb. 3.4

Wichtig: Für eines der Teilsysteme (welches - das liegt bei Dir) kannst Du die Wirkrichtung der beiden Gelenkkräfte G_x und G_y nach Deinen Wünschen festlegen. Die Gelenkkräfte des anderen Teilsystems sollten die Gelenkkräfte kompensieren, die Sie gemäß der "actio = reactio" Regel definiert haben!

Wie Du im Bild oben sehen kannst, haben wir die Gelenkkräfte für das Teilsystem **I** wie gewünscht definiert, die Gelenkkräfte des Teilsystems **II** sind so definiert, dass sie die zuvor definierten Gelenkkräfte ausgleichen.

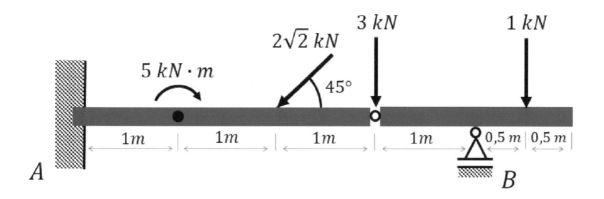

Abb. 3.2

Eine andere Frage, die wir diskutieren sollten, bevor wir beginnen, die Lagerkräfte zu bestimmen, ist, was genau wir mit der **3 kN** -Kraft tun sollen, da diese Kraft direkt über dem Gelenk wirkt. Sollte diese Kraft zum Teilsystem **I** oder zum Teilsystem **II** gehören?

Eigentlich sind beide Möglichkeiten richtig!

Wir ermitteln die Lagerkräfte für den Fall, dass die **3 kN** Kraft zum Teilsystem **II** gehört (wie in **Abb. 3.3** und **Abb. 3.4** gezeigt) sowie zum Teilsystem **I**, siehe nächste Seite!

Lösung / Aufgabe 3

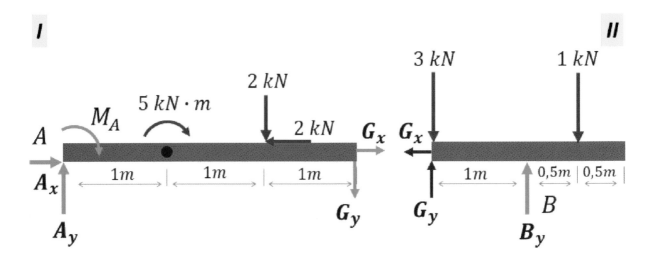

Abb. 3.3

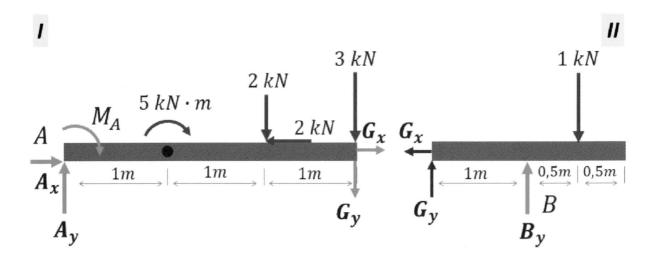

Abb. 3.5

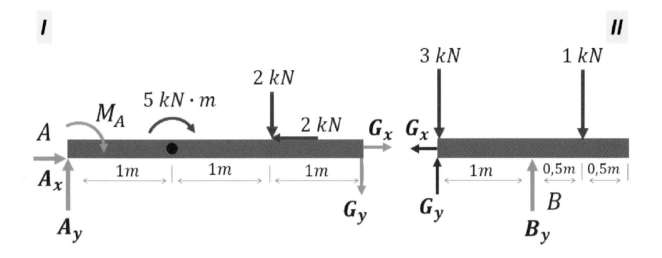

Abb. 3.3

Beginnen wir also mit der ersten Lösungsmöglichkeit, bei der die **3 kN** Kraft zum Teilsystem **II** gehört. Um die Lagerkräfte zu bestimmen, erstellen wir sechs Gleichgewichtsgleichungen: Für die Kräfte in x-Richtung, in y-Richtung und für die Drehmomente für beide Teilsysteme.

Beginnen wir mit den Gleichgewichtsgleichungen in x-Richtung und in y-Richtung für beide Teilsysteme:

Teilsystem **I**:

$$\sum F_{ix} = 0 = A_x - 2\,kN + G_x \tag{3.1}$$

$$\sum F_{iy} = 0 = A_y - 2\,kN - G_y \tag{3.2}$$

Teilsystem **II**:

$$\sum F_{ix} = 0 = -G_x \tag{3.3}$$

$$\sum F_{iy} = 0 = G_y - 3\,kN + B_y - 1\,kN \tag{3.4}$$

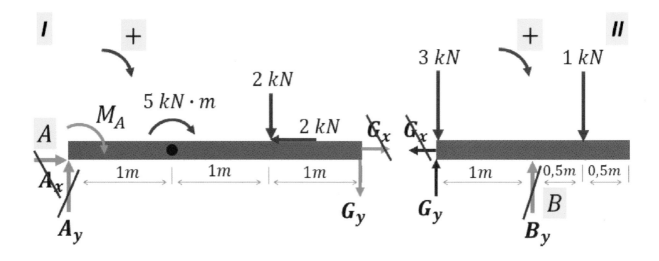

Abb. 3.6

Nun können wir zwei Gleichungen für die Drehmomente bestimmen. Für das Teilsystem **I** definieren wir den Bezugspunkt in der festen Einspannung (Punkt **A**). Hier müssen wir besonders auf Folgendes achten: Die Gleichung für die Drehmomente ist in Einheiten $[N \cdot m]$, deshalb schließen wir das Drehmoment M_A und das Drehmoment ($5\,kN \cdot m$) ein, die bereits in Einheiten $[N \cdot m]$ sind, ohne sie mit irgendetwas zu multiplizieren! Für das Teilsystem **II** definieren wir den Bezugspunkt im Loslager (Punkt **B**) und vervollständigen mit der resultierenden Gleichung das lineare Gleichungssystem zur Berechnung der Lagerkräfte. Also, nach allen zuvor diskutierten Regeln (siehe Aufgabe 1):

Teilsystem **I**:

$$\sum M^{(A)} = 0 = M_A + 5\,kN \cdot 1\,m + 2\,kN \cdot 2\,m + G_y \cdot 3\,m \tag{3.5}$$

Teilsystem **II**:

$$\sum M^{(B)} = 0 = -3\,kN \cdot 1\,m + G_y \cdot 1\,m + 1\,kN \cdot 0,5\,m \tag{3.6}$$

Jetzt haben wir alle Gleichungen:

$$\sum F_{ix} = 0 = A_x - 2\,kN + G_x \tag{3.1}$$

$$\sum F_{iy} = 0 = A_y - 2\,kN - G_y \tag{3.2}$$

$$\sum F_{ix} = 0 = -G_x \tag{3.3}$$

$$\sum F_{iy} = 0 = G_y - 3\,kN + B_y - 1\,kN \tag{3.4}$$

$$\sum M^{(A)} = 0 = M_A + 5\,kN \cdot 1\,m + 2\,kN \cdot 2\,m + G_y \cdot 3\,m \tag{3.5}$$

$$\sum M^{(B)} = 0 = -3\,kN \cdot 1\,m + G_y \cdot 1\,m + 1\,kN \cdot 0,5\,m \tag{3.6}$$

Bevor wir mit der Lösung des Gleichungssystems beginnen, überprüfen wir kurz, ob das System lösbar ist:

Um zu überprüfen, ob das obige lineare Gleichungssystem lösbar ist, müssen wir zählen, wie viele Unbekannte und wie viele Gleichungen wir haben:

Wir haben also sechs Gleichungen: (3.1), (3.2), (3.3), (3.4), (3.5) und (3.6),

und wir haben sechs unbekannte Kräfte: A_x, A_y, B_y, G_x, G_y und M_A.

Wir haben sechs Unbekannte und sechs Gleichungen: Das heißt, das lineare Gleichungssystem ist lösbar!

Nun können wir das lineare Gleichungssystem lösen:

(3.3) ergibt $G_x = 0$ (3.7)

Jetzt setzen wir (3.7) in (3.1) ein:

$$A_x - 2\,kN + G_x = A_x - 2\,kN + 0 = 0 \quad \text{ergibt} \quad A_x = 2\,kN \tag{3.8}$$

(3.6) ergibt $G_y = \dfrac{3\,kN \cdot 1\,m - 1\,kN \cdot 0{,}5\,m}{1\,m} = 2{,}5\,kN$

und $G_y = 2{,}5\,kN$ (3.9)

Jetzt setzen wir (3.9) in (3.2) ein:

$$A_y - 2\,kN - G_y = A_y - 2\,kN - 2{,}5\,kN = A_y - 2\,kN - 2{,}5\,kN = 0$$

ergibt $A_y = 4{,}5\,kN$ (3.10)

Jetzt setzen wir (3.9) in (3.4) ein:

$$G_y - 3\,kN + B_y - 1\,kN = 2{,}5\,kN - 3\,kN + B_y - 1\,kN = B_y - 1{,}5\,kN = 0$$

ergibt $B_y = 1{,}5\,kN$ (3.11)

Schließlich setzen wir (3.9) in (3.5) ein:

$$M_A + 5\,kN \cdot 1\,m + 2\,kN \cdot 2\,m + G_y \cdot 3\,m = M_A + 5\,kN \cdot 1\,m + 2\,kN \cdot 2\,m +$$

$$2{,}5\,kN \cdot 3\,m = M_A + 16{,}5\,kN \cdot m = 0$$

ergibt $M_A = -16{,}5\,kN \cdot m$ (3.12)

Lösung (1) / Aufgabe 3

Auf dieser Seite werden wir unsere Ergebnisse in Kürze zusammenfassen und auch in eine logische Reihenfolge bringen:

$$A_x = 2\ kN \tag{3.8}$$

$$A_y = 4,5\ kN \tag{3.10}$$

$$B_y = 1,5\ kN \tag{3.11}$$

$$M_A = -16,5\ kN \cdot m \tag{3.12}$$

$$G_x = 0 \tag{3.7}$$

$$G_y = 2,5\ kN \tag{3.9}$$

Nun wiederholen wir die Lösung für den Fall, dass die **3 kN** Kraft zum Teilsystem **I** gehört (wie in **Abb. 3.5** gezeigt) und vergleichen die Ergebnisse beider Lösungen!

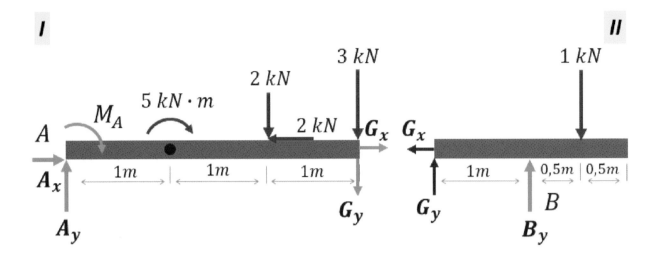

Abb. 3.5

Fahren wir also mit der zweiten Lösungsmöglichkeit fort, bei der die **3 kN** Kraft zum Teilsystem **I** gehört. Um die Lagerkräfte zu bestimmen, erstellen wir erneut sechs Gleichgewichtsgleichungen: Für die Kräfte in x-Richtung, in y-Richtung und für die Drehmomente für beide Teilsysteme.

Beginnen wir mit den Gleichgewichtsgleichungen für die Kräfte in x-Richtung und in y-Richtung für beide Subsysteme:

Teilsystem **I**:

$$\sum F_{ix} = 0 = A_x - 2\,kN + G_x \tag{3.13}$$

$$\sum F_{iy} = 0 = A_y - 2\,kN - 3\,kN - G_y \tag{3.14}$$

Teilsystem **II**:

$$\sum F_{ix} = 0 = -G_x \tag{3.15}$$

$$\sum F_{iy} = 0 = G_y + B_y - 1\,kN \tag{3.16}$$

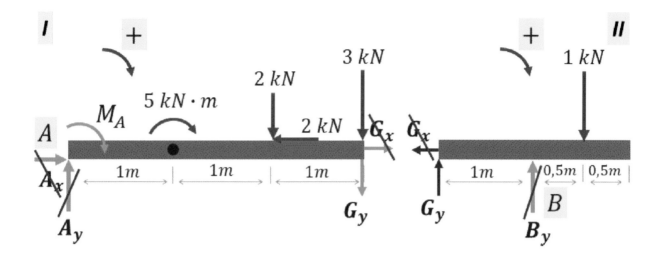

Abb. 3.7

Nun können wir zwei Gleichungen für die Drehmomente bestimmen. Für das Teilsystem *I* definieren wir erneut den Bezugspunkt in der festen Einspannung (Punkt *A*). Auch hier werden das Drehmoment M_A und das Drehmoment ($5\,kN \cdot m$), da sie bereits in Einheiten [$N \cdot m$] vorliegen, in diese Gleichung einbezogen, ohne sie mit irgendetwas zu multiplizieren! Für das Teilsystem *II* definieren wir den Bezugspunkt im Loslager (Punkt *B*) und vervollständigen mit der resultierenden Gleichung das lineare Gleichungssystem zur Berechnung der Lagerkräfte. Also, nach allen zuvor diskutierten Regeln (siehe Aufgabe 1):

Teilsystem *I*:

$$\sum M^{(A)} = 0 = M_A + 5\,kN \cdot 1\,m + 2\,kN \cdot 2\,m + G_y \cdot 3\,m + 3\,kN \cdot 3\,m \quad (3.17)$$

Teilsystem *II*:

$$\sum M^{(B)} = 0 = G_y \cdot 1\,m + 1\,kN \cdot 0,5\,m \quad (3.18)$$

Jetzt haben wir alle Gleichungen:

$$\sum F_{ix} = 0 = A_x - 2\,kN + G_x \tag{3.13}$$

$$\sum F_{iy} = 0 = A_y - 2\,kN - 3\,kN - G_y \tag{3.14}$$

$$\sum F_{ix} = 0 = -G_x \tag{3.15}$$

$$\sum F_{iy} = 0 = G_y + B_y - 1\,kN \tag{3.16}$$

$$\sum M^{(A)} = 0 = M_A + 5\,kN \cdot 1\,m + 2\,kN \cdot 2\,m + G_y \cdot 3\,m + 3\,kN \cdot 3\,m \tag{3.17}$$

$$\sum M^{(B)} = 0 = G_y \cdot 1\,m + 1\,kN \cdot 0,5\,m \tag{3.18}$$

Bevor wir mit der Lösung des Gleichungssystems beginnen, überprüfen wir kurz, ob das System lösbar ist (obwohl wir das überspringen könnten, da in diesem Sinne beide Lösungsmöglichkeiten identisch sind):

Um zu überprüfen, ob das obige lineare Gleichungssystem lösbar ist, müssen wir zählen, wie viele Unbekannte und wie viele Gleichungen wir haben:

Wir haben also sechs Gleichungen: (3.13), (3.14), (3.15), (3.16), (3.17) und (3.18),

und wir haben sechs unbekannte Kräfte: A_x, A_y, B_y , G_x, G_y und M_A.

Wir haben sechs Unbekannte und sechs Gleichungen: Das heißt, das lineare Gleichungssystem ist lösbar!

Nun können wir das lineare Gleichungssystem lösen:

(3.15) ergibt $G_x = 0$ (3.19)

Jetzt setzen wir (3.19) in (3.13) ein:

$$A_x - 2\,kN + G_x = A_x - 2\,kN + 0 = 0 \ \text{ergibt, das } A_x = 2\,kN$$ (3.20)

(3.18) ergibt $G_y = \dfrac{-1\,kN \cdot 0,5\,m}{1\,m} = -0,5\,kN$

Und, das $G_y = -0,5\,kN$ (3.21)

Jetzt setzen wir (3.21) in (3.14) ein:

$$A_y - 2\,kN - 3\,kN - G_y = A_y - 2\,kN - 3\,kN - (-0,5\,kN) = A_y - 4,5\,kN = 0$$

ergibt $A_y = 4,5\,kN$ (3.22)

Jetzt setzen wir (3.21) in (3.16) ein:

$$G_y + B_y - 1\,kN = -0,5\,kN + B_y - 1\,kN = B_y - 1,5\,kN = 0$$

ergibt $B_y = 1,5\,kN$ (3.23)

Schließlich setzen wir (3.21) in (3.17) ein:

$$M_A + 5\,kN \cdot 1\,m + 2\,kN \cdot 2\,m + G_y \cdot 3\,m + 3\,kN \cdot 3\,m = M_A + 5\,kN \cdot 1\,m +$$
$$2\,kN \cdot 2\,m + (-0,5\,kN) \cdot 3\,m + 3\,kN \cdot 3\,m = M_A + 16,5\,kN \cdot m = 0$$

ergibt $M_A = -16,5\,kN \cdot m$ (3.24)

Lösung (2) / Aufgabe 3

Auf dieser Seite fassen wir unsere Ergebnisse kurz zusammen, ordnen sie wieder logisch an und vergleichen sie mit den Ergebnissen, die mit der ersten Lösungsmöglichkeit erzielt wurden:

Lösung (2):

$$A_x = 2\ kN \tag{3.20}$$

$$A_y = 4,5\ kN \tag{3.22}$$

$$B_y = 1,5\ kN \tag{3.23}$$

$$M_A = -16,5\ kN \cdot m \tag{3.24}$$

$$G_x = 0 \tag{3.19}$$

$$G_y = -0,5\ kN \tag{3.21}$$

Lösung (1):

$$A_x = 2\ kN \tag{3.8}$$

$$A_y = 4,5\ kN \tag{3.10}$$

$$B_y = 1,5\ kN \tag{3.11}$$

$$M_A = -16,5\ kN \cdot m \tag{3.12}$$

$$G_x = 0 \tag{3.7}$$

$$G_y = 2,5\ kN \tag{3.9}$$

Wie Du siehst, sind alle Ergebnisse für die Lagerkräfte A_x, A_y, B_y und M_A sowie die Gelenkkraft G_x identisch! Der einzige Unterschied zwischen den beiden Lösungen sind die Werte der Gelenkkraft G_y. Dies ist völlig in Ordnung, da der Wert der Gelenkkraft G_y auf die Verschiebung der $3\ kN$ Kraft von einem Teilsystem zu einem anderen reagiert! So können wir nun weiter vorgehen und die Normal- und Querkräfte sowie Biegemomente bestimmen.

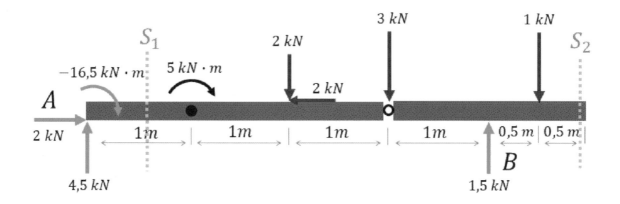

Abb. 3.8

Unser nächster Lösungsschritt besteht darin, die Normalkraft N, die Querkraft Q und das Biegemoment M_b zu bestimmen und grafisch darzustellen. Dazu benötigen wir die beiden Teilsysteme nicht mehr, die Gelenkkräfte wurden nur zur Ermittlung der Lagerkräfte benötigt. Wir werden also zunächst die Normalkraft N und die Querkraft Q bestimmen und grafisch darstellen. Dies kann auf verschiedene Arten geschehen (siehe Aufgabe 1). Wir wählen die einfachste Lösungsmöglichkeit: Für diese Lösungsmöglichkeit werden wir grundsätzlich nur zwei Schnitte benötigen.

Der obligatorische Schnitt S_1 erfolgt direkt nach der festen Einspannung, um die Anfangswerte der Normalkraft N und der Querkraft Q zu erhalten. Um Kontrollwerte zu erhalten, können wir die Tabellenwerte der Normalkraft N und der Querkraft Q verwenden und das Biegemoment M_b für das freie Ende. Dies ersetzt den Kontrollschnitt S_2 unmittelbar vor dem freien Ende.

Schließlich erhalten wir durch Integration der Querkraft Q das Biegemoment M_b.

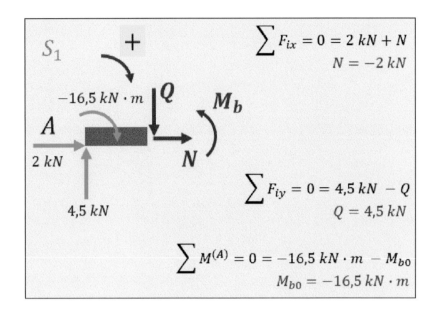

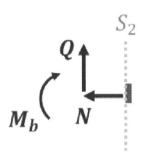

Abb. 3.9

Zunächst werden die Gleichgewichtsgleichungen für die Normal- und Querkräfte sowie die Gleichung für das Biegemoment für den Schnitt S_1 bestimmt:

$$\sum F_{ix} = 0 = 2\ kN + N \tag{3.25}$$

$$N = -2\ kN \tag{3.26}$$

$$\sum F_{iy} = 0 = 4,5\ kN - Q \tag{3.27}$$

$$Q = 4,5\ kN \tag{3.28}$$

$$\sum M^{(A)} = 0 = -16,5\ kN \cdot m - M_{b0} \tag{3.29}$$

$$M_{b0} = -16,5\ kN \cdot m \tag{3.30}$$

Wie Du siehst, mussten wir drei anstelle von zwei Gleichungen lösen, wie wir es in den vorherigen Lösungen getan haben, da wir für die feste Einspannung den Anfangswert für das Biegemoment M_{b0} nicht sofort aus der Tabelle erhalten können, siehe nächste Seite.

Bezeichnung	Symbol	Normalkraft $\boxed{N}$	Querkraft $\boxed{Q}$	Biegemoment $\boxed{M_b}$
(feste) Einspannung		$\neq 0$	$\neq 0$	$\neq 0$
(Winkel –) Führung		$\neq 0$	0	$\neq 0$
(Längs –) Führung		0	$\neq 0$	$\neq 0$

Tabelle. I.e

Wichtig: Wenn Du die Anfangswerte für die Normalkraft N, die Querkraft Q oder das Biegemoment M_b nicht aus der Tabelle entnehmen kannst, musst Du die Gleichgewichtsgleichungen für alle Anfangswerte selbst ermitteln!

Die feste Einspannung hat uns also zusätzliche Arbeit gemacht, um den Anfangswert für das Biegemoment zu erhalten.

Die gute Nachricht für diese Lösung ist, dass wir für das freie Ende keine Arbeit leisten müssen und alle Anfangswerte für die Normalkraft N, die Querkraft Q und das Biegemoment M_b direkt aus der Tabelle entnehmen können, siehe nächste Seite !

Bezeichnung	Symbol	Normalkraft N	Querkraft Q	Biegemoment M_b
freies Ende		0	0	0
Festlager		$\neq 0$	$\neq 0$	0
Loslager		0	$\neq 0$	0

Tabelle. I.d

Aus der Tabelle kannst Du also vor allem ersehen, dass die Anfangswerte für die Normalkraft N, die Querkraft Q und das Biegemoment M_b gleich Null sind!

Das ist großartig, denn es befreit uns von dem Kontrollschnitt S_2!

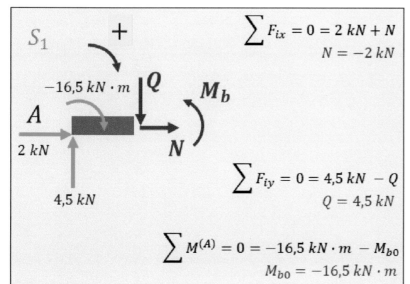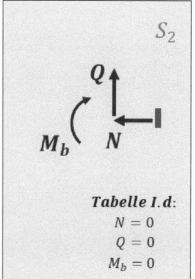

$$\sum F_{ix} = 0 = 2\,kN + N$$
$$N = -2\,kN$$

$$\sum F_{iy} = 0 = 4,5\,kN - Q$$
$$Q = 4,5\,kN$$

$$\sum M^{(A)} = 0 = -16,5\,kN \cdot m - M_{b0}$$
$$M_{b0} = -16,5\,kN \cdot m$$

Tabelle I.d:
$$N = 0$$
$$Q = 0$$
$$M_b = 0$$

Abb. 3.10

So können wir ohne Berechnung die Kontrollwerte aufschreiben:

$$N = \ 0\,kN \tag{3.31}$$

$$Q = \ 0\,kN \tag{3.32}$$

$$M_b = 0\,kN \cdot m \tag{3.33}$$

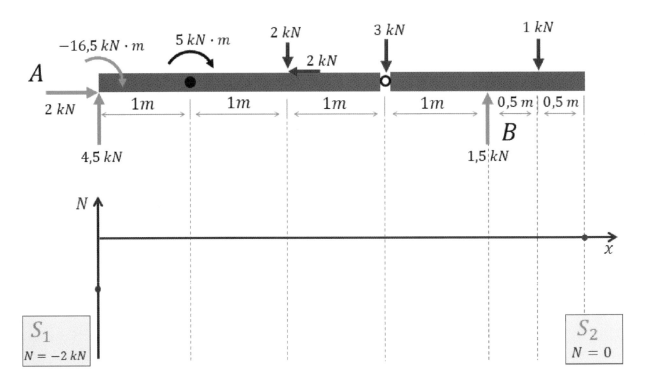

Abb. 3.11

Wir beginnen also mit der Normalkraft N.

Nach der Gleichung (3.26) und nach der Gleichung (3.31) beträgt der Anfangswert der Normalkraft $N = -2\,kN$ sowie der Kontrollwert $N = 0\,kN$. Dieses Ergebnis haben wir in die Zeichnung eingefügt.

Für die Normalkraft N werden wir nur die in x-Richtung wirkenden Kräfte berücksichtigen, da die Normalkraft N auch in x-Richtung wirkt.

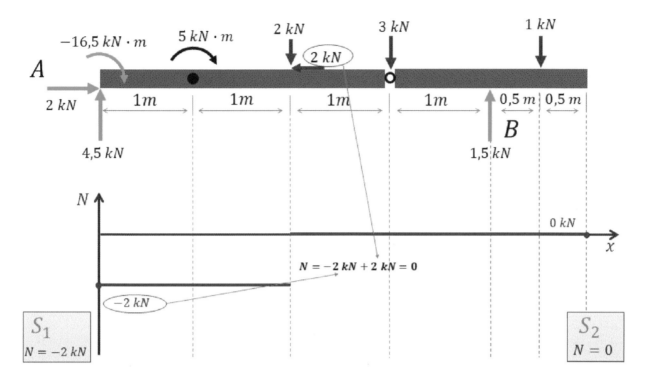

Abb. 3.12

Die Normalkraft behält den Wert $N = -2\,kN$ bei, bis die erste in x-Richtung wirkende Kraft erreicht wird (**2 kN**).

An dem Punkt, an dem die Kraft **2 kN** erreicht ist, macht die Normalkraft einen Sprung (Unstetigkeit) von dem Anfangswert $N = -2\,kN$ plus dem Kraftwert **2 kN** und wir erhalten einen Wert von **0 kN**.

Diesen Wert haben wir sofort in unsere Zeichnung übernommen.

Wichtig: Alle Kräfte, die genau wie die Normalkraft N in x-Richtung wirken, was für uns von links nach rechts bedeutet, werden vom aktuellen Wert der Normalkraft N subtrahiert.

Alle Kräfte, die in x-Richtung entgegengesetzt zur Normalkraft N wirken, was für uns von rechts nach links bedeutet, werden zum aktuellen Wert der Normalkraft N addiert.

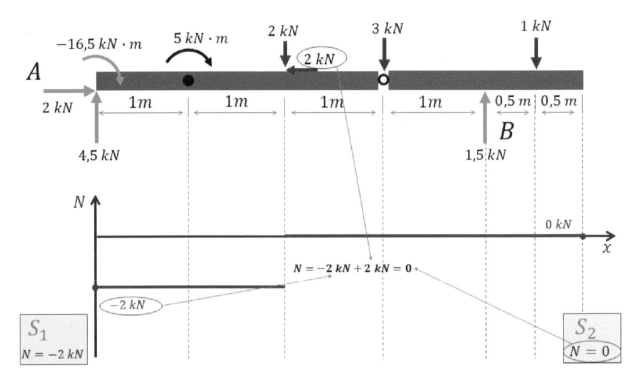

Abb. 3.13

Schließlich gibt es nach der **2 kN** Kraft keine Kräfte mehr, die in x-Richtung wirken, was bedeutet, dass die Normalkraft **N** konstant **N = 0 kN** bleibt. Dieses Ergebnis haben wir in die Zeichnung eingefügt.

Wenn wir das Ergebnis erneut überprüfen möchten (dies ist optional, nicht unbedingt erforderlich), müssen wir den Wert der soeben erhaltenen Normalkraft (**0 kN**) mit dem Kontrollwert aus **Tabelle I.d** oder Schnitt S_2 (**0 kN**) vergleichen. Wie Du siehst, sind beide Werte identisch, was bedeutet, dass unsere Lösung soweit korrekt ist!

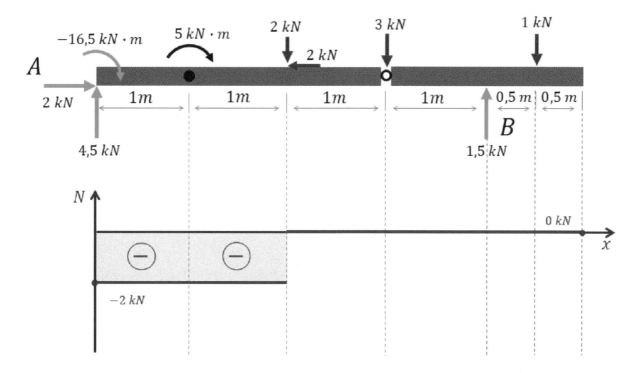

Abb. 3.14

Wir sind also mit der Normalkraft N fertig!

Fahren wir mit der Querkraft Q fort!

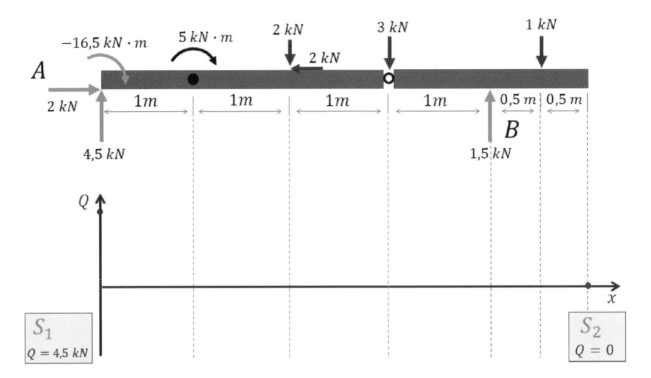

Abb. 3.15

Nun fahren wir mit der Querkraft Q fort.

Entsprechend der Gleichung (3.28) können wir in die Zeichnung den Anfangswert der Querkraft $Q = 4,5\,kN$ sowie den Kontrollwert $Q = 0\,kN$ gemäß der Gleichung (2.32) einzeichnen.

Für die Querkraft Q werden wir nur die in y-Richtung wirkenden Kräfte berücksichtigen, da die Querkraft Q auch in y-Richtung wirkt.

124

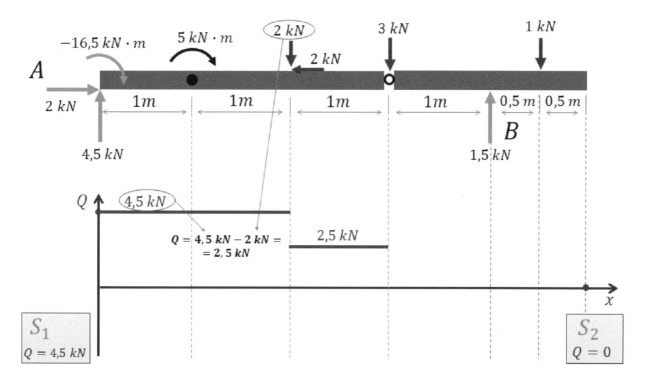

Abb. 3.16

Die Querkraft behält den Wert $Q = 4,5\ kN$ bei, bis die erste in y-Richtung wirkende Kraft erreicht ist ($2\ kN$).

An dem Punkt, an dem die Kraft $2\ kN$ erreicht ist, macht die Querkraft einen Sprung (Unstetigkeit) von dem Anfangswert $Q = 4,5\ kN$ minus dem Kraftwert $2\ kN$ und wir erhalten einen Wert von $2,5\ kN$.

Diesen Wert haben wir sofort in unsere Zeichnung übernommen.

Wichtig: Alle Kräfte, die genau wie die Querkraft Q in y-Richtung wirken, was für uns nach unten bedeutet, werden vom aktuellen Wert der Querkraft Q subtrahiert.

Alle Kräfte, die in y-Richtung entgegengesetzt zur Querkraft Q wirken, was für uns nach oben bedeutet, werden zum aktuellen Wert der Querkraft Q addiert.

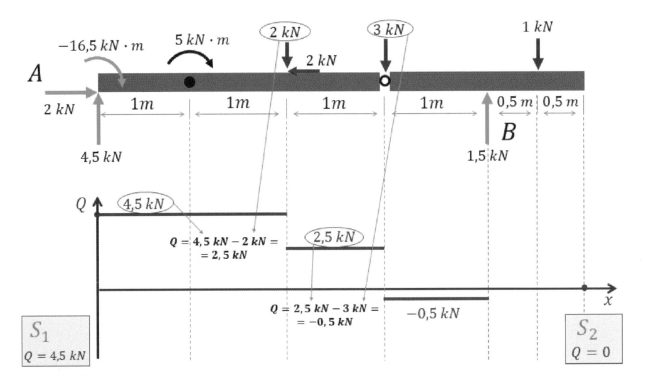

Abb. 3.17

Die Querkraft behält den aktuellen Wert $Q = 2,5\ kN$ bei, bis die nächste Kraft erreicht ist, die in y-Richtung über das Gelenk wirkt ($3\ kN$).

An dem Punkt, an dem die Kraft $3\ kN$ erreicht ist, macht die Querkraft einen Sprung (Unstetigkeit) von dem aktuellen Wert $Q = 2,5\ kN$ minus dem Kraftwert $3\ kN$ und wir erhalten einen Wert von $-0,5\ kN$.

Diesen Wert haben wir sofort in unsere Zeichnung übernommen.

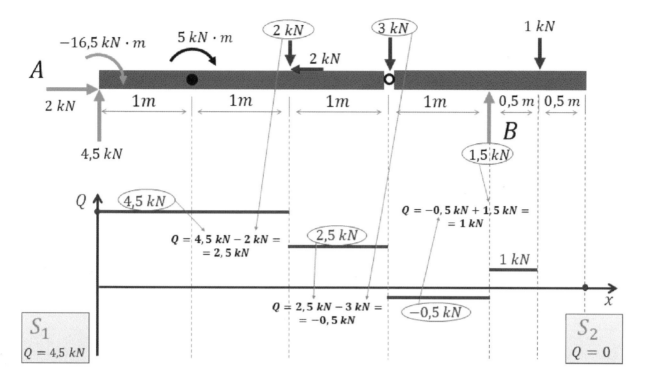

Abb. 3.18

Die Querkraft behält den aktuellen Wert $Q = -0,5\ kN$ bei, bis die nächste in y-Richtung wirkende Kraft (Loslager) erreicht ist ($1,5\ kN$).

An dem Punkt, an dem die Kraft $1,5\ kN$ erreicht ist, macht die Querkraft einen Sprung (Unstetigkeit) aus dem aktuellen Wert $Q = -0,5\ kN$ plus dem Kraftwert $1,5\ kN$ und wir erhalten einen Wert von $1\ kN$.

Diesen Wert haben wir sofort in unsere Zeichnung übernommen.

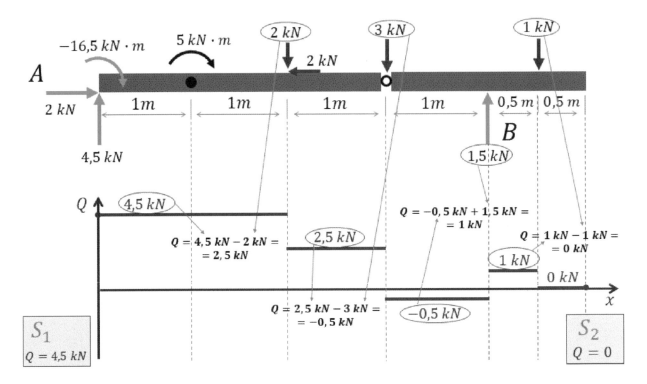

Abb. 3.19

Schließlich behält die Querkraft den aktuellen Wert $Q = 1\,kN$ bei, bis die letzte in y-Richtung wirkende Kraft erreicht ist ($1\,kN$).

An dem Punkt, an dem die Kraft $1\,kN$ erreicht ist, macht die Querkraft einen Sprung (Unstetigkeit) von dem aktuellen Wert $Q = 1\,kN$ minus dem Kraftwert $1\,kN$ und wir erhalten einen Wert von $0\,kN$.

Diesen Wert haben wir sofort in unsere Zeichnung übernommen.

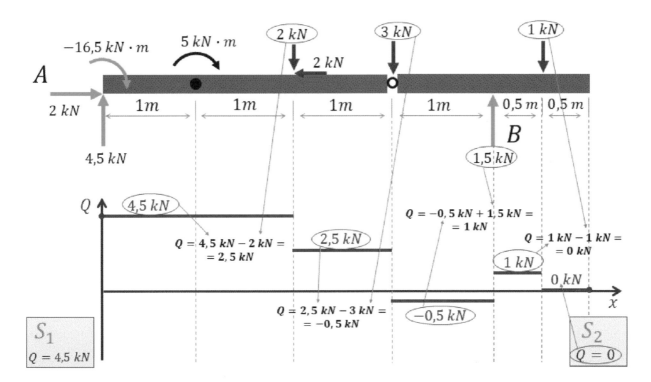

Abb. 3.20

Wenn wir das Ergebnis erneut überprüfen möchten (dies ist optional, nicht unbedingt erforderlich), müssten wir den Wert der soeben erhaltenen Querkraft (**0 kN**) mit dem Kontrollwert aus **Tabelle Id** oder Schnitt S_2 ($Q = 0\ kN$) vergleichen. Wie Du siehst, sind beide Werte identisch, was bedeutet, dass unsere Lösung soweit korrekt ist!

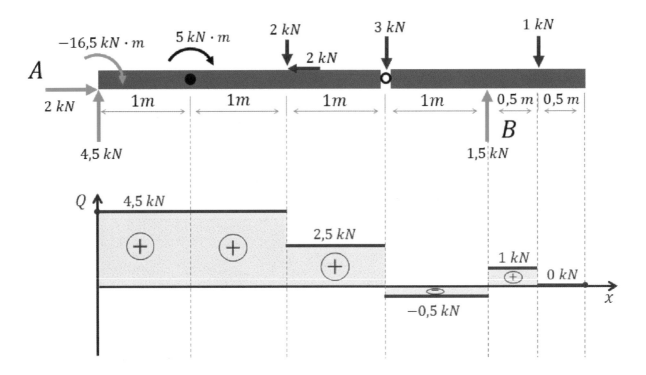

Abb. 3.21

Wir sind also mit der Querkraft Q fertig!

Fahren wir mit dem Biegemoment M_b fort!

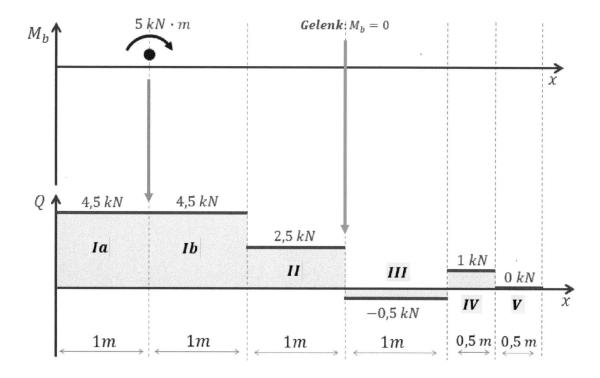

Abb. 3.22

Die mathematische Definition des Biegemoments M_b ist, dass es durch Integration der Querkraft Q plus einer Integrationskonstante C erhalten wird.

$$M_b = \int Q \cdot dx + C \qquad (1.38)$$

Wenn wir uns nun die Zeichnung für die Querkraft Q ansehen, werden wir in der Lage sein, mehrere Bereiche (*Ia, Ib, II, III, IV* und *V*) zu identifizieren, wobei in jedem dieser Bereiche die Querkraft mit einem bestimmten Wert konstant ist.

Bereich *Ia*:	$Q = 4,5\ kN$	Bereich *Ib*:	$Q = 4,5\ kN$
Bereich *II*:	$Q = 2,5\ kN$	Bereich *III*:	$Q = -0,5\ kN$
Bereich *IV*:	$Q = 1\ kN$	Bereich *V*:	$Q = 0\ kN$

Für jeden dieser Bereiche müssen wir die Querkraft Q integrieren, um das Biegemoment M_b zu erhalten.

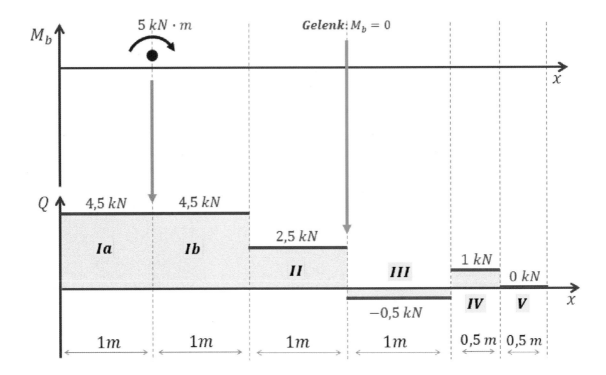

Abb. 3.22

Bevor wir beginnen, möchten wir einige Dinge hervorheben, die wir bei der Lösung dieser Aufgabe berücksichtigen müssen.

Zunächst müssten wir den Moment **5 $kN \cdot m$** berücksichtigen. Um dies nicht zu vergessen, haben wir den Bereich **I**, in dem die Querkraft offensichtlich konstant ist und einen Wert von **$Q = 4,5\ kN$** hat, in zwei Bereiche unterteilt: Bereich **Ia** (vor dem Moment **5 $kN \cdot m$** erreicht) und Bereich **Ib**, nach dem Moment **5 $kN \cdot m$**.

Wenn das Gelenk erreicht ist, müssen wir zwei Dinge berücksichtigen: Das Biegemoment am Gelenk ist gleich Null und die Querkraft am Gelenk ist gleich Null. Das würde für uns automatisch bedeuten, dass bei einer Querkraft von Null das Biegemoment seinen Maximalwert erreicht. Wenn dann Null der Maximalwert für das Biegemoment ist, erwarten wir logischerweise, dass die restlichen Werte des Biegemoments Null oder negativ sein werden.

Also haben wir alles besprochen, was wir brauchen, um die Aufgabe zu lösen und fahren wir mit der Lösung fort!

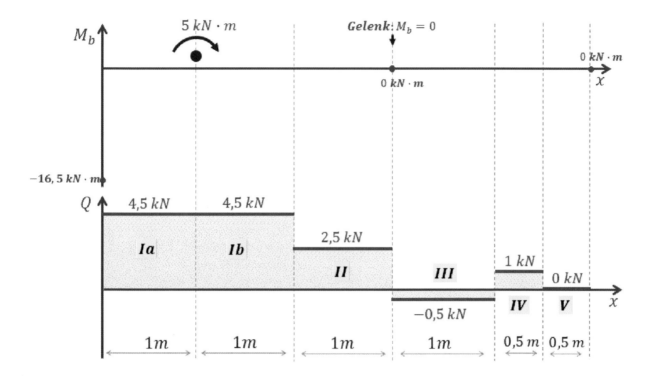

Abb. 3.23

Markieren wir auf der Zeichnung zunächst die Werte des Biegemoments, die wir berechnet oder aus der Tabelle erhalten haben!

An der festen Einspannung haben wir bereits den Anfangswert des Biegemoments berechnet:

$$M_{b0} = -16,5 \, kN \cdot m \qquad (3.30)$$

Am freien Ende haben wir den Wert des Biegemoments der Tabelle entnommen:

$$M_b = 0 \, kN \cdot m \qquad (3.33)$$

Und schließlich ist am Gelenk das Biegemoment gleich Null:

$$M_b = 0 \, kN \cdot m \qquad (3.34)$$

Diese Werte haben wir sofort in die Zeichnung eingetragen!

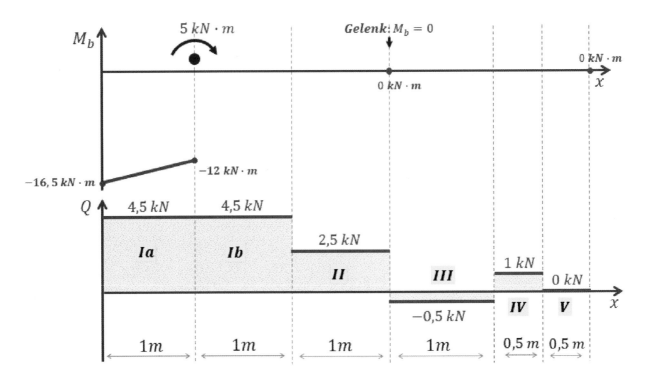

Abb. 3.24

Nun beginnen wir mit dem Bereich *Ia*: Hier beträgt die Querkraft $Q = 4,5\ kN$.

Dann:

$$M_b = \int Q \cdot dx + C \tag{1.38}$$

Wir geben in diese Gleichung $Q = 4,5\ N$ sowie $C = C_I = M_{b0} = -16,5\ kN \cdot m$ gemäß der Gleichung (3.30) ein.

$$M_b = \int 4,5\ kN \cdot dx - 16,5\ kN \cdot m = 4,5\ kN \cdot x - 16,5\ kN \cdot m \tag{3.35}$$

Jetzt müssen wir nur noch den M_b-Wert bei $x = 1\ m$ berechnen:

$$M_b(x = 1\ m) = 4,5\ kN \cdot 1m - 16,5\ kN \cdot m = -12\ kN \cdot m \tag{3.36}$$

Diesen Wert können wir sofort in die Zeichnung eintragen!

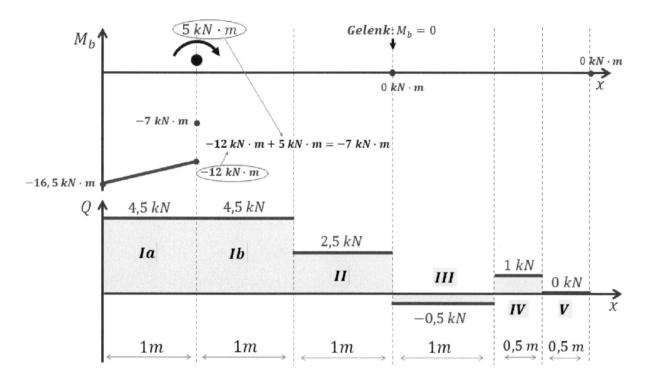

Abb. 3.25

Jetzt müssen wir das Drehmoment **5 kN · m** berücksichtigen:

Das Biegemoment, wie Sie nach Bereich **Ia** ersehen können, dreht sich gegen den Uhrzeigersinn, das Moment **5 kN · m** dreht sich in die entgegengesetzte Richtung oder im Uhrzeigersinn. Das bedeutet, dass der Wert von **5 kN · m** zum aktuellen Wert **−12 kN · m** des Biegemoments addiert werden muss! Wenn also das Drehmoment **5 kN · m** erreicht ist, macht das Biegemoment einen Sprung (Unstetigkeit) von dem aktuellen Wert **−12 kN · m** plus dem Wert von **5 kN · m**:

$$M_b = -12\,kN \cdot m + 5\,kN \cdot m = -7\,kN \cdot m \qquad (3.37)$$

Diesen Wert können wir sofort in die Zeichnung eintragen!

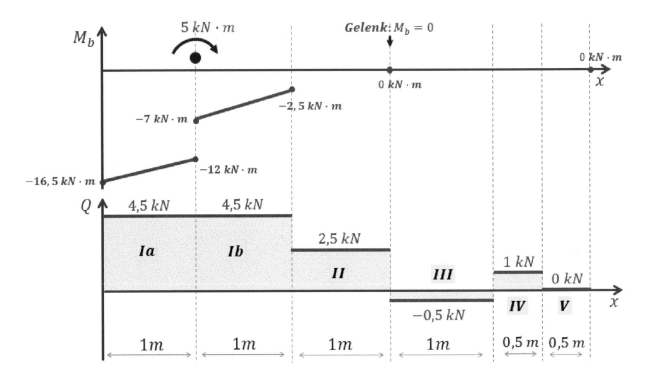

Abb. 3.26

Nun fahren wir mit dem Bereich **Ib** fort: Hier beträgt die Querkraft wieder $Q = 4,5\,kN$.

$$M_b = \int 4,5\,kN \cdot dx + C_{II} = 4,5\,kN \cdot x + C_{II} \qquad (3.38)$$

Nun haben wir also ein Problem: Wie können wir die Integrationskonstante C_{II} bestimmen, wenn wir uns innerhalb des Balkens befinden? Das ist eigentlich ganz einfach: Der Anfangswert für M_b im Bereich **Ib** ist der gleiche wie der Endwert für M_b im Bereich **Ia**, nachdem wir den Moment $5\,kN \cdot m$ berücksichtigt haben. Wir müssen die Gleichung (3.37) nehmen und diesen Wert als $C_{II} = -7\,kN \cdot m$ setzen.

$$M_b = 4,5\,kN \cdot x - 7\,kN \cdot m \qquad (3.39)$$

Wichtig: Da der Bereich Ib 1 m lang ist, müssen wir nur nochmal den M_b-Wert bei $x = 1\,m$ berechnen:

$$M_b(x = 1\,m) = 4,5\,kN \cdot 1m - 7\,kN \cdot m = -2,5\,kN \cdot m \qquad (3.40)$$

Diesen Wert können wir sofort in die Zeichnung eintragen!

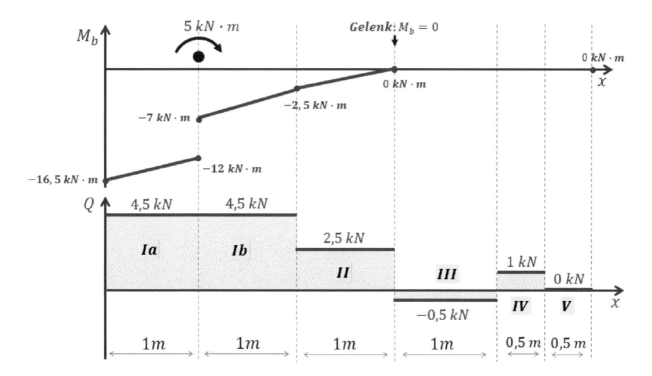

Abb. 3.27

Den nächsten Lösungsschritt können wir überspringen, weil wir den Punkt $-2,5\ kN \cdot m$ und den Punkt $0\ kN \cdot m$ (oder den Gelenkwert des Biegemoments) logischerweise direkt verbinden können!

Alternativ kann man den übersprungenen Schritt als Zwischenkontrolle der Lösung verwenden, wie gewohnt vorgehen und nachweisen, dass das Biegemoment beim Gelenk tatsächlich den Wert $0\ kN \cdot m$ annimmt, siehe nächste Seite!

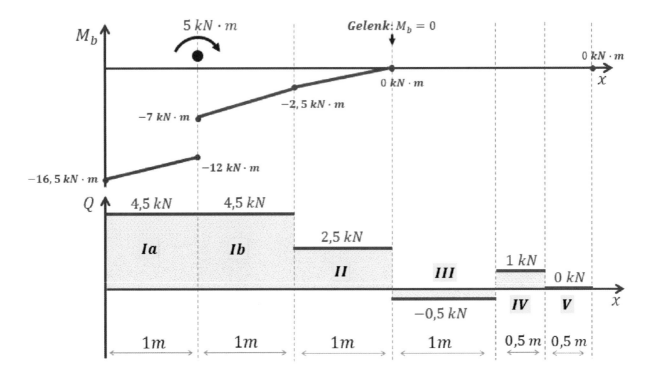

Abb. 3.27

Um die bisherige Lösung zu kontrollieren, fahren wir mit dem Bereich **II** fort: Hier beträgt die Querkraft $Q = 2,5\ kN$.

$$M_b = \int 2,5\ kN \cdot dx + C_{III} = 2,5\ kN \cdot x + C_{III} \tag{3.41}$$

Um die Integrationskonstante C_{III} zu bestimmen, müssen wir die Gleichung (3.40) nehmen und diesen Wert als $C_{III} = -2,5\ kN \cdot m$ zuweisen.

$$M_b = 2,5\ kN \cdot x - 2,5\ kN \cdot m \tag{3.42}$$

Wichtig: Da der Bereich II 1 m lang ist, müssen wir nur den M_b -Wert bei $x = 1\ m$ neu berechnen:

$$M_b(x = 1\ m) = 2,5\ kN \cdot 1m - 2.5\ kN \cdot m = 0\ kN \cdot m \tag{3.43}$$

Wir haben also bewiesen (was definitiv nicht zwingend ist), dass das Biegemoment am Gelenk nach Berechnungen tatsächlich den Wert $0\ kN \cdot m$ annimmt und deshalb ist unsere bisherige Lösung richtig!

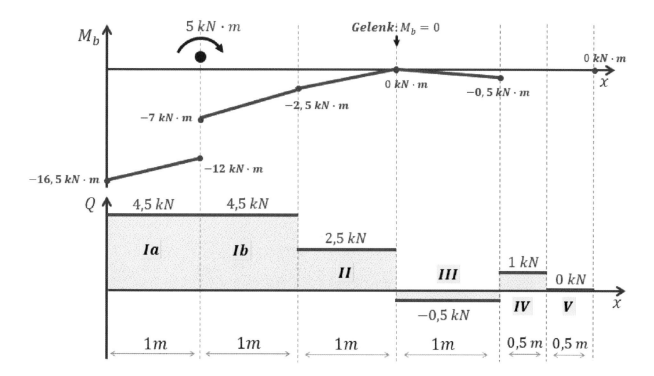

Abb. 3.28

Nun fahren wir mit dem Bereich **III** fort: Hier beträgt die Querkraft $Q = -0,5\,kN$.

$$M_b = \int -0,5\,kN \cdot dx + C_{IV} = -0,5\,kN \cdot x + C_{IV} \qquad (3.44)$$

Um die Integrationskonstante C_{IV} zu bestimmen, müssen wir die Gleichung (3.43) nehmen und diesen Wert als $C_{IV} = 0\,kN \cdot m$ zuweisen.

$$M_b = -0,5\,kN \cdot x - 0\,kN \cdot m = -0,5\,kN \cdot x \qquad (3.45)$$

Wichtig: Da der Bereich *III* 1 m lang ist, müssen wir nur den M_b-Wert bei nochmal $x = 1\,m$ berechnen:

$$M_b(x = 1\,m) = -0,5\,kN \cdot 1m = -0,5\,kN \cdot m \qquad (3.46)$$

Diesen Wert können wir sofort in die Zeichnung eintragen!

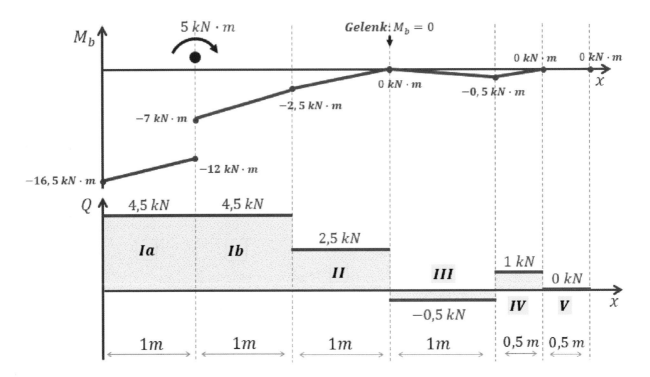

Abb. 3.29

Wir machen weiter: Wir fahren mit dem Bereich *IV* fort: Hier beträgt die Querkraft $Q = 1\,kN$.

$$M_b = \int 1\,kN \cdot dx + C_V = 1\,kN \cdot x + C_V \qquad (3.47)$$

Um die Integrationskonstante C_V zu bestimmen, müssen wir die Gleichung (3.46) nehmen und diesen Wert als $C_V = -0,5\,kN \cdot m$ zuweisen.

$$M_b = 1\,kN \cdot x - 0,5\,kN \cdot m \qquad (3.48)$$

Wichtig: Da der Bereich *IV* $0,5\,m$ lang ist, müssen wir nur den M_b-Wert bei $x = 0,5\,m$ berechnen:

$$M_b(x = 0,5\,m) = 1\,kN \cdot 0,5m - 0,5\,kN \cdot m = 0\,kN \cdot m \qquad (3.49)$$

Diesen Wert können wir sofort in die Zeichnung eintragen!

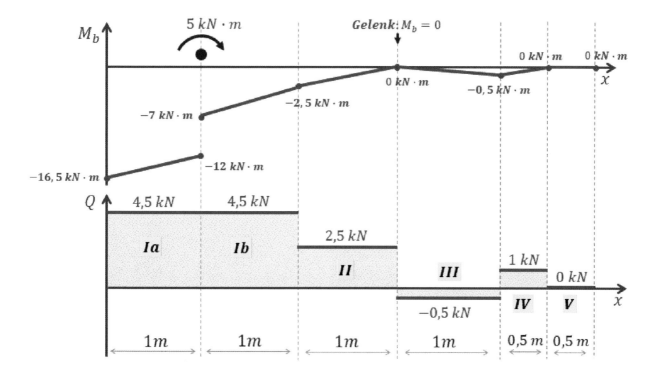

Abb. 3.30

Den nächsten Lösungsschritt können wir überspringen, weil wir den Punkt **0 $kN \cdot m$** und den Punkt **0 $kN \cdot m$** (oder den Tabellenwert des Biegemoments am freien Ende) logischerweise direkt verbinden können!

Alternativ kann man den übersprungenen Schritt als Endkontrolle der Lösung verwenden, wie gewohnt vorgehen und nachweisen, dass das Biegemoment am freien Ende tatsächlich den Wert **0 $kN \cdot m$** annimmt, siehe nächste Seite!

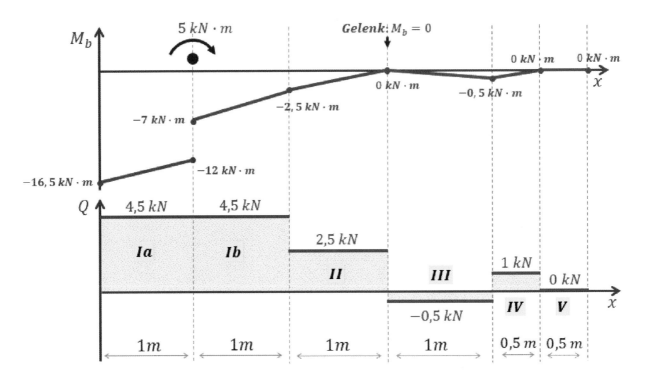

Abb. 3.30

Abschließender Kontrollschritt (auch nicht obligatorisch): Wir fahren mit dem Bereich **V** fort, hier beträgt die Querkraft $Q = 0\ kN$.

$$M_b = \int 0\ kN \cdot dx + C_{VI} = 0\ kN \cdot x + C_{VI} = C_{VI} \tag{3.50}$$

Um die Integrationskonstante C_{VI} zu bestimmen, müssen wir die Gleichung (3.49) nehmen und diesen Wert als $C_{VI} = 0\ kN \cdot m$ zuweisen.

$$M_b = C_{VI} = 0\ kN \cdot m = konst \tag{3.51}$$

Wir haben also bewiesen (was definitiv nicht obligatorisch war), dass das Biegemoment am freien Ende nach Berechnungen tatsächlich den Wert $0\ kN \cdot m$ annimmt und deshalb ist unsere Lösung richtig!

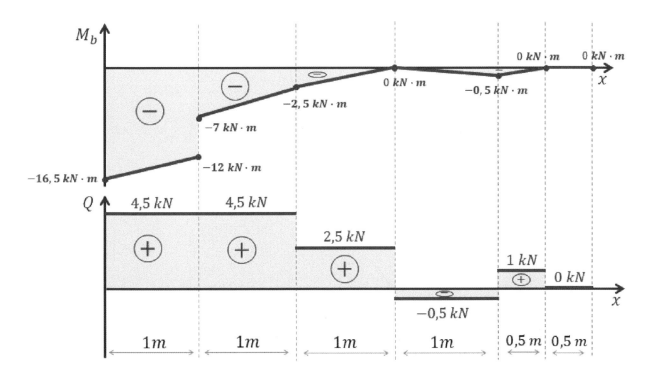

Abb. 3.31

Das Biegemoment ist also, wie wir erwartet haben, überall Null oder negativ!

Wir haben die nicht mehr benötigten Markierungen entfernt und die positiven und negativen Bereiche für die Querkraft und das Biegemoment markiert.

Nun sind wir wirklich fertig und haben die Aufgabe 3 erfolgreich gelöst ☺

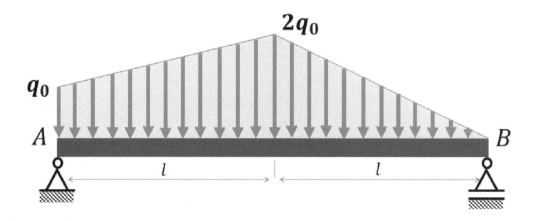

Abb. 4.1

*Aufgabe: Auf den Balken in **Abb. 4.1** wirkt eine Streckenlast.*

- *Ermittele die Lagerkräfte,*

- *Ermittele die Verläufe der Normalkraft, der Querkraft und des Biegemomentes.*

Gegeben: $q_0 = 5\frac{kN}{m}, \quad l = 2\,m.$

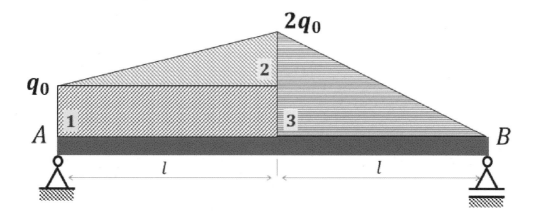

Abb. 4.2

Zunächst werden wir, wie wir es in der Lösung der Aufgabe 2 getan haben, um die Lagerkräfte zu bestimmen, die Streckenlast durch die resultierende Kraft F_R ersetzen. Die resultierende Kraft ist algebraisch gleich der Fläche der Streckenlast und wirkt im Schwerpunkt der Streckenlast. Die in dieser Aufgabe dargestellte Streckenlast ist viel komplizierter als die Streckenlast aus Aufgabe 2. Um die Lösung zu vereinfachen, können wir hier die Streckenlast in mehrere Teilflächen unterteilen, siehe obiges Bild: Teilfläche (1), in dem die Streckenlast eine rechteckige Form hat und die Teilflächen (2) und (3), in denen die Streckenlast eine dreieckige Form hat.

An dieser Stelle gibt es zwei Lösungsmöglichkeiten:

Die **erste Möglichkeit** wäre, drei resultierende Kräfte zu definieren: F_{R1} für die Teilfläche (1), der im Schwerpunkt des Rechtecks 1 wirkt, F_{R2} für die Teilfläche (2) und F_{R3} für die Teilfläche (3), die in den Schwerpunkten entsprechend wirken. Die **zweite Möglichkeit** wäre, nur eine resultierende Kraft F_R zu definieren, die im Schwerpunkt der gesamten Fläche wirkt. Wir werden beide Lösungsmöglichkeiten ausprobieren, damit Sie die Vor- und Nachteile der einzelnen sehen und die für Sie am besten geeignete auswählen können!

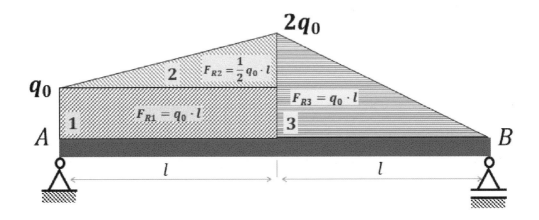

Abb. 4.3

Wir beginnen also mit der ersten Lösungsmöglichkeit, bei der wir drei resultierende Kräfte definieren: F_{R1} für Teilfläche (1), F_{R2} für Teilfläche (2) und F_{R3} für Teilfläche (3). Berechnen wir also die resultierenden Kräfte. Jede von ihnen ist algebraisch gleich der Fläche der Streckenlast. Teilfläche (1): Die Breite der rechteckigen Streckenlast beträgt $l = 2\,m$, die Höhe der Streckenlast beträgt $q_0 = 5\,\frac{kN}{m}$. Die resultierende Kraft oder

Rechteckfläche ist: $F_{R1} = q_0 \cdot l = 5\,\frac{kN}{m} \cdot 2\,m = 10\,kN$ (4.1)

Teilfläche (2): Die Breite der dreieckigen Streckenlast beträgt $l = 2\,m$, die Höhe der Streckenlast beträgt $2q_0 - q_0 = 10\,\frac{kN}{m} - 5\,\frac{kN}{m} = 5\,\frac{kN}{m}$. Dann ist die resultierende Kraft oder Dreiecksfläche:

$$F_{R2} = \frac{1}{2} \cdot (2q_0 - q_0) \cdot l = \frac{1}{2} \cdot q_0 \cdot l = \frac{1}{2} \cdot 5\,\frac{kN}{m} \cdot 2\,m = 5\,kN \qquad (4.2)$$

Teilfläche (3): Die Breite der dreieckigen Streckenlast beträgt $l = 2\,m$, die Höhe der Streckenlast beträgt $2q_0 = 10\,\frac{kN}{m}$. Dann ist die resultierende Kraft oder Dreiecksfläche:

$$F_{R3} = \frac{1}{2} \cdot 2q_0 \cdot l = q_0 \cdot l = \frac{1}{2} \cdot 10\,\frac{kN}{m} \cdot 2\,m = 10\,kN \qquad (4.3)$$

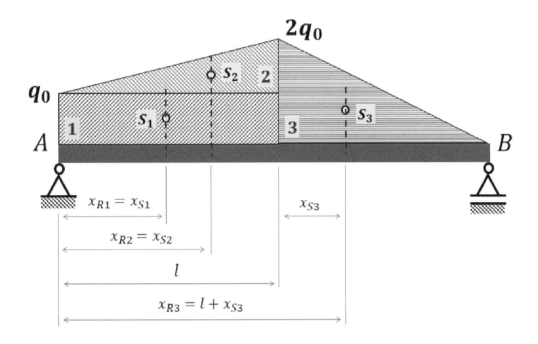

Abb. 4.4

Um mit der Lösung fortzufahren, müssen wir die x-Schwerpunkt-Koordinaten des Rechtecks x_{R1} und der beiden Dreiecke x_{R2} und x_{R3} berechnen, um zu bestimmen, wo die drei resultierenden Kräfte wirken: F_{R1} für Teilfläche (1), F_{R2} für Teilfläche (2) und F_{R3} für Teilfläche (3). Da alle resultierenden Kräfte in y-Richtung wirken, interessieren uns nur die x-Schwerpunktkoordinaten, da wir diese benötigen, um die Gleichung für die Drehmomente zu bestimmen. Deshalb ist die y-Schwerpunkt-Koordinate für die Lösung nicht relevant.

Um die Schwerpunktkoordinaten zu erhalten, lesen Sie bitte Teil 1 des Statikbuchs: Dort wird es in allen Einzelheiten beschrieben.

Auf der nächsten Seite sehen Sie zwei Tabellen zur Ermittlung der Schwerpunktkoordinaten der verschiedenen Bereiche, die wir aus dem Teil 1 des Statikbuchs entlehnt haben!

Quadrat und Rechteck

Fläche	Fläche und Koordinatensystem	A_i	x_{si}	y_{si}
Quadrat		a^2	$\dfrac{a}{2}$	$\dfrac{a}{2}$
Rechteck		$b \cdot h$	$\dfrac{b}{2}$	$\dfrac{h}{2}$

Tabelle III.1

Dreieck

Fläche	Fläche und Koordinatensystem	A_i	x_{si}	y_{si}
Dreieck		$\dfrac{1}{2}a \cdot h$	$\dfrac{2}{3}a$	$\dfrac{h}{3}$
Dreieck		$\dfrac{1}{2}a \cdot h$	$\dfrac{1}{3}a$	$\dfrac{h}{3}$

Tabelle III.2

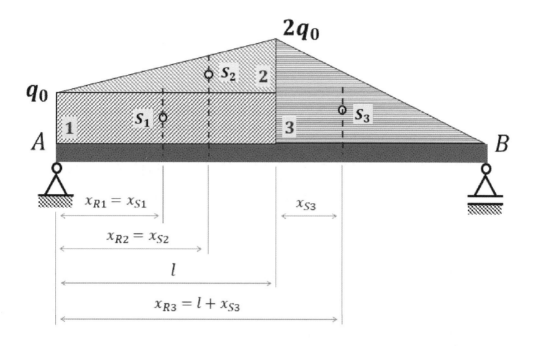

Abb. 4.4

Berechnen wir also die x-Schwerpunkt-Koordinaten x_{S1}, x_{S2} und x_{S3} sowie die Abstände x_{R1}, x_{R2} und x_{R3} bis zum Punkt A, den wir später benötigen werden, um die Drehmomente zu bestimmen.

Teilfläche (1): Die Breite der rechteckigen Streckenlast ist l, der Tabellenwert für den Schwerpunkt des Rechtecks (siehe vorherige Seite) ist $x_{S1} = \dfrac{l}{2}$.

Der Abstand bis zum Punkt A beträgt $x_{R1} = x_{S1} = \dfrac{l}{2}$ \hfill (4.4)

Teilfläche (2): Die Breite der dreieckigen Streckenlast ist l, der Tabellenwert für den Schwerpunkt des Dreiecks (siehe vorherige Seite) ist $x_{S2} = \dfrac{2l}{3}$.

Der Abstand bis zum Punkt A beträgt $x_{R2} = x_{S2} = \dfrac{2l}{3}$ \hfill (4.4)

Teilbereich (3): Die Breite der dreieckigen Streckenlast ist l, der Tabellenwert für den Schwerpunkt des Dreiecks (siehe vorherige Seite) ist $x_{S3} = \dfrac{l}{3}$.

Der Abstand bis zum Punkt A beträgt $x_{R3} = l + x_{S3} = l + \dfrac{l}{3}$ \hfill (4.5)

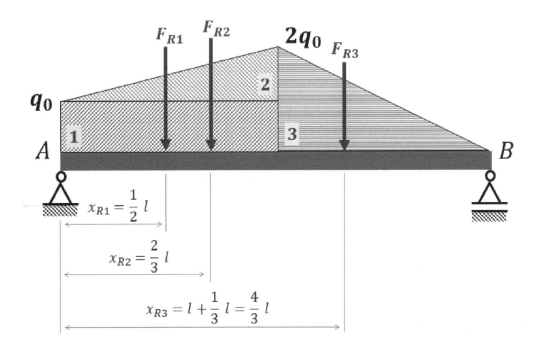

Abb. 4.5

Jetzt können wir endlich die drei resultierenden Kräfte in unserer Zeichnung richtig platzieren und weiter vorangehen und die Lagerkräfte bestimmen!

Wichtig: Die auftretenden Kräfte F_{R1}, F_{R2}, und F_{R3} dürfen nur zur Berechnung der Lagerkräfte durch die Streckenlast ersetzt werden! Für die Berechnung der Querkräfte und Biegemomente ist die in der Aufgabe angegebene Streckenlast anzunehmen!

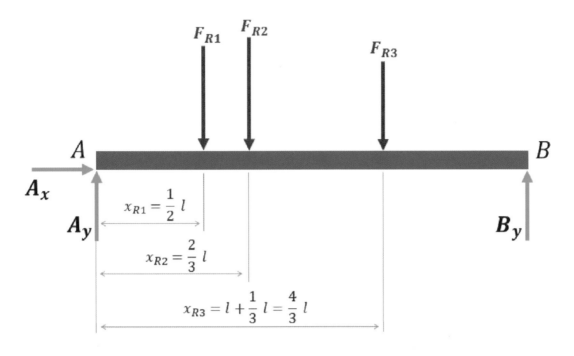

Abb. 4.6

Wir haben die Streckenlast aus der Zeichnung entfernt, da sie für die Lagerkraftermittlung nicht relevant ist!

Dann haben wir die Kräfte A_x und A_y für das Festlager und die Kraft B_y für das Loslager definiert.

Nun erstellen wir drei Gleichgewichtsgleichungen: Für die Kräfte in x-Richtung, in y-Richtung und eine Gleichung für die Drehmomente. Hier sind die ersten beiden:

$$\sum F_{ix} = 0 = A_x \tag{4.6}$$

$$\rightarrow A_x = 0 \tag{4.7}$$

$$\sum F_{iy} = 0 = A_y - F_{R1} - F_{R2} - F_{R3} + B_y \tag{4.8}$$

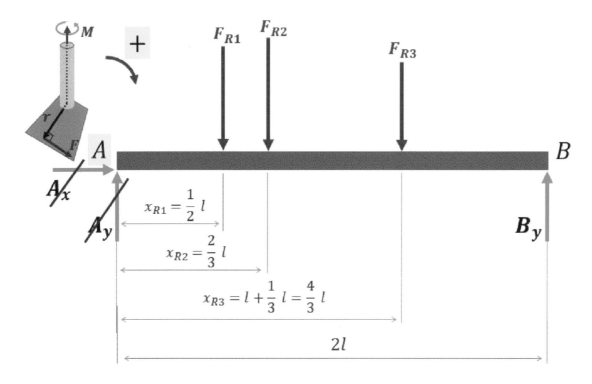

Abb. 4.7

Jetzt können wir weiter vorangehen und die Gleichung für die Drehmomente erstellen. Definieren wir den Bezugspunkt im Festlager (Punkt **A**), so können wir für die Drehmomente mehrere Kräfte aus der Gleichung eliminieren: Die Lagerkräfte A_x und A_y wirken am Bezugspunkt, deshalb ist der Abstand $r = 0$. So können wir diese Kräfte aus der Zeichnung entfernen, da sie für die Gleichung für die Drehmomente nicht relevant sind.

Für das Drehmoment ist die Drehrichtung um den Punkt **A** wichtig. Wir müssen also unterscheiden, ob die Kraft im oder gegen den Uhrzeigersinn um den Punkt **A** dreht. Unterschiedliche Drehrichtungen haben unterschiedliche Vorzeichen in der Gleichung für das Drehmomente.

Für statische Probleme ist es eigentlich nicht wichtig, welche Drehrichtung Du mit + und welche mit - belegst. Wichtig ist, konsistent zu bleiben!

Wenn wir die Drehung im Uhrzeigersinn als positiv definieren, lautet die Gleichung für die Drehmomente:

$$\sum M^{(A)} = 0 = F_{R1} \cdot \frac{l}{2} + F_{R2} \cdot \frac{2l}{3} + F_{R3} \cdot \frac{4l}{3} - B_y \cdot 2l \qquad (4.9)$$

Lösung (1) / Aufgabe 4

Wir haben also drei Gleichungen ((4.6), (4.8) und (4.9)) mit drei Unbekannten A_x, A_y und B_y erhalten: Das heißt, das lineare Gleichungssystem ist lösbar!

$$\sum F_{ix} = 0 = A_x \tag{4.6}$$

$$\sum F_{iy} = 0 = A_y - F_{R1} - F_{R2} - F_{R3} + B_y \tag{4.8}$$

$$\sum M^{(A)} = 0 = F_{R1} \cdot \frac{l}{2} + F_{R2} \cdot \frac{2l}{3} + F_{R3} \cdot \frac{4l}{3} - B_y \cdot 2l \tag{4.9}$$

Was wir jetzt tun müssen, ist, die folgenden Werte in die Gleichungen einzugeben:

$$l = 2m$$

$$F_{R1} = 10 \ kN \tag{4.1}$$

$$F_{R2} = 5 \ kN \tag{4.2}$$

$$F_{R3} = 10 \ kN \tag{4.3}$$

Lass uns das machen !

$$\sum F_{ix} = 0 = A_x \tag{4.6}$$

$$\sum F_{iy} = 0 = A_y - 10 \ kN - 5 \ kN - 10 \ kN + B_y = A_y - 25 \ kN + B_y \tag{4.10}$$

$$\sum M^{(A)} = 0 = 10 \ kN \cdot \frac{2m}{2} + 5 \ kN \cdot \frac{2 \cdot 2m}{3} + 10 \ kN \cdot \frac{4 \cdot 2m}{3} - B_y \cdot 2 \cdot 2m$$

$$\sum M^{(A)} = 0 = 43,\bar{3} \ kN \cdot m - B_y \cdot 4m \tag{4.11}$$

Das Lösen eines linearen Gleichungssystems kann auf verschiedene Arten erfolgen. Wir werden hier die Intuitivste folgen. Wir haben zuvor aus Gleichung (4.6) erhalten:

$$A_x = 0\ kN \tag{4.7}$$

Nun ergibt die Gleichung (4.11) den Wert von B_y:

$$B_y = \frac{43{,}\overline{3}\ kN\cdot m}{4\ m} = 10{,}8\overline{3}\ kN \tag{4.12}$$

Damit ergibt die Gleichung (4.10) schließlich den Wert von A_y:

$$A_y = 25\ kN - B_y = 25\ kN - 10{,}8\overline{3}\ kN = 14{,}1\overline{6}\ kN \tag{4.13}$$

So haben wir alle Lagerkräfte erhalten:

$$A_x = 0\ kN \tag{4.7}$$

$$B_y = 10{,}8\overline{3}\ kN \tag{4.12}$$

$$A_y = 14{,}1\overline{6}\ kN \tag{4.13}$$

Dieses Mal werden wir keine zusätzliche Gleichung für die Drehmomente am Loslager erstellen, um zu beweisen, dass unsere bisherigen Berechnungen korrekt sind. Aber Du kannst es tun, wenn Du es willst. Da wir die Aufgabe mit der zweiten Lösungsmöglichkeit erneut lösen werden und für die Lagerkräfte identische Ergebnisse erhalten, beweist dies automatisch, dass die Berechnungen korrekt sind!

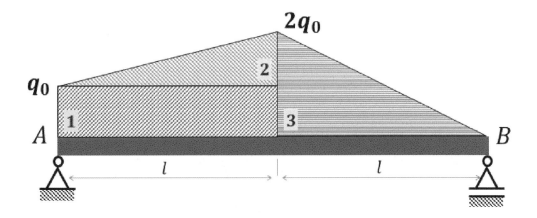

Abb. 4.2

Die **zweite Lösungsmöglichkeit** ist, nur eine resultierende Kraft F_R zu definieren, die im Schwerpunkt der gesamten Fläche wirkt. Berechnen wir also die resultierende Kraft F_R und die x-Koordinate des Flächenschwerpunkts (da die resultierende Kraft F_R wiederum in y-Richtung wirkt, benötigen wir nur die x-Koordinate des Flächenschwerpunkts für die Gleichung der Drehmomente).

Dazu definieren wir noch einmal die drei Teilflächen: ein Rechteck (1) und zwei Dreiecke (2) und (3).

$$F_R = F_{R1} + F_{R2} + F_{R3} \tag{4.14}$$

Für diese Lösungsmöglichkeit verwenden wir teilweise die Berechnungsergebnisse (Gleichungen (4.1), (4.2) und (4.3)) aus Lösungsmöglichkeit 1, der Unterschied ist die Reihenfolge der Lösungsschritte, die wir hier durchführen werden!

Die Eingabe von $F_{R1} = 10\ kN$, $F_{R2} = 5\ kN$ und $F_{R3} = 10\ kN$ in die Gleichung (4.14) ergibt also:

$$F_R = 10\ kN + 5\ kN + 10\ kN = 25\ kN \tag{4.15}$$

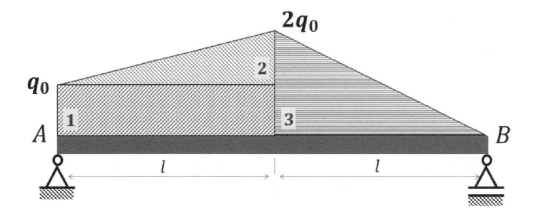

Abb. 4.2

Um die x-Koordinate des Schwerpunkts x_R zu berechnen, fassen wir hier kurz die Regeln zusammen, wie dies gemacht wird. Wenn Du dies im Detail lernen möchtest, lies bitte Teil 1 dieses Buches!

Der Begriff Schwerpunkt wird verwendet, um den Begriff zu ersetzen, wenn die rein geometrischen Aspekte dieses Punktes hervorgehoben werden sollen. Der Schwerpunkt heißt normalerweise S und hat im zweidimensionalen Raum die Koordinaten x_S, y_S (**wir brauchen nur die Koordinate x_S**). Die Koordinaten können unter Verwendung der folgenden Gleichungen erhalten werden:

$$x_S = \frac{1}{\sum A_i} \cdot \sum A_i \cdot x_{si} \qquad \text{(I.1)}$$

$$y_S = \frac{1}{\sum A_i} \cdot \sum A_i \cdot y_{si} \qquad \text{(I.2)}$$

Die Fläche ist in der **Abb. 4.8** dargestellt. Um das Problem zu vereinfachen und diese Gleichungen zu verwenden, wird üblicherweise die Methode der geometrischen Zerlegung angewendet. Die A_i bezeichnen also Teilflächen des zerlegten Objekts. Dazu definieren wir noch einmal die drei Teilflächen: ein Rechteck (1) und zwei Dreiecke (2) und (3).

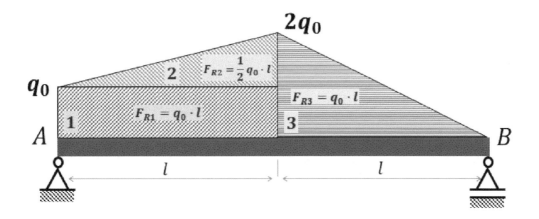

Abb. 4.3

Wir werden die Gleichung **(I.1)** zur Lösung unseres Problems modifizieren, indem wir A_i durch F_{Ri} und x_{Si} durch x_{Ri} ersetzen:

$$x_R = x_S = \frac{1}{\sum A_i} \cdot \sum A_i \cdot x_{Si} = \frac{1}{\sum F_{Ri}} \cdot \sum F_{Ri} \cdot x_{Ri} \qquad \textbf{(I.3)}$$

Für unsere Lösung bedeutet dies:

$$A_1 = F_{R1} = 10 \; kN \qquad\qquad (4.16)$$

$$A_2 = F_{R2} = 5 \; kN \qquad\qquad (4.17)$$

$$A_3 = F_{R3} = 10 \; kN \qquad\qquad (4.18)$$

$$A = A_1 + A_2 + A_3 = F_R = F_{R1} + F_{R2} + F_{R3} = 25 \; kN \qquad (4.19)$$

Um die Übersichtlichkeit zu verbessern, werden wir die Lösung der x-Koordinate des Schwerpunkts in Form einer Tabelle präsentieren, wie wir es in Teil 1 des Statik Buches getan haben!

Also werden wir alle Ergebnisse, die wir erhalten haben, in die Tabelle eingeben, siehe nächste Seite!

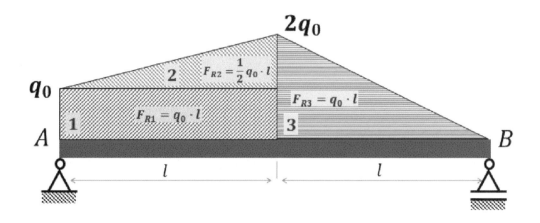

Abb. 4.3

Teilfläche	F_{Ri}	x_{Ri}	$F_{Ri} \cdot x_{Ri}$
Teilfläche *(1)*	**10 kN**		
Teilfläche *(2)*	**5 kN**		
Teilfläche *(3)*	**10 kN**		
$\sum$ Summe	**25 kN**		

$$A_1 = F_{R1} = 10\ kN \tag{4.16}$$

$$A_2 = F_{R2} = 5\ kN \tag{4.17}$$

$$A_3 = F_{R3} = 10\ kN \tag{4.18}$$

Und

$$A = \sum F_{Ri} = F_R = F_{R1} + F_{R2} + F_{R3} = 10\ kN + 5\ kN + 10\ kN = 25\ kN \tag{4.19}$$

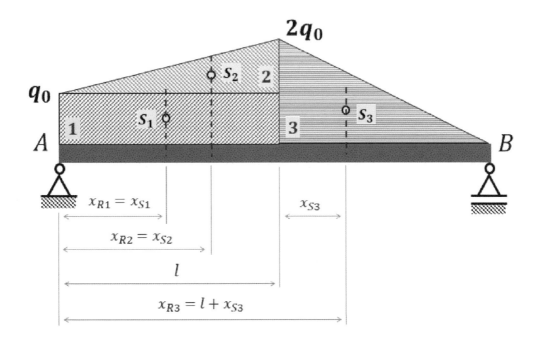

Abb. 4.4

Verwenden wir also erneut die zuvor durchgeführten Berechnungen und berechnen die x-Schwerpunkt-Koordinaten x_{S1}, x_{S2} und x_{S3} sowie die Abstände x_{R1}, x_{R2} und x_{R3} bis zum Punkt A.

Teilfläche (1): Die Breite der rechteckigen Streckenlast ist l, der Tabellenwert für den Schwerpunkt des Rechtecks (siehe vorherige Seite) ist $x_{S1} = \frac{l}{2}$.

Der Abstand bis zum Punkt A beträgt $x_{S1} = \frac{l}{2}$ $\qquad$ (4.4)

Teilfläche (2): Die Breite der dreieckigen Streckenlast ist l, der Tabellenwert für den Schwerpunkt des Dreiecks (siehe vorherige Seite) ist $x_{S2} = \frac{2l}{3}$.

Die Entfernung bis Punkt A beträgt $x_{R2} = x_{S2} = \frac{2l}{3}$ $\qquad$ (4.4)

Teilfläche (3): Die Breite der dreieckigen Streckenlast ist l, der Tabellenwert für den Schwerpunkt des Dreiecks (siehe vorherige Seite) ist $x_{S3} = \frac{l}{3}$.

Die Entfernung bis Punkt A beträgt $x_{R3} = l + x_{S3} = l + \frac{l}{3}$ $\qquad$ (4.5)

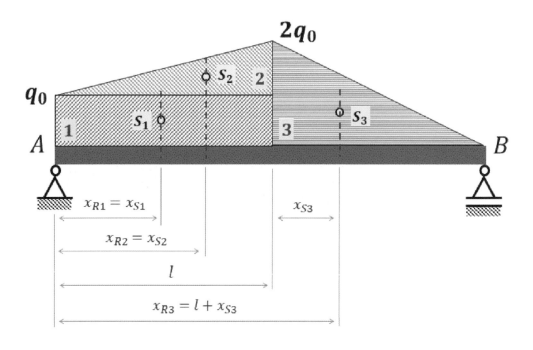

Abb. 4.4

Teilfläche	F_{Ri}	x_{Ri}	$F_{Ri} \cdot x_{Ri}$
Teilfläche (1)	10 kN	1m	
Teilfläche (2)	5 kN	$1,\overline{3}m$	
Teilfläche (3)	10 kN	$2,\overline{6}m$	
$\sum$ Summe	25 kN		

Wir müssen nun den folgenden Wert in die Gleichungen eingeben: $l = 2m$, das Ergebnis berechnen und in die Tabelle eingeben:

$$x_{R1} = x_{S1} = \frac{l}{2} = \frac{2m}{2} = \mathbf{1m}$$

$$x_{R2} = x_{S2} = \frac{2l}{3} = \frac{2 \cdot 2m}{3} = \mathbf{1,\overline{3}m}$$

$$x_{R2} = l + x_{S2} = l + \frac{l}{3} = \frac{4l}{3} = \frac{4 \cdot 2m}{3} = \mathbf{2,\overline{6}m}$$

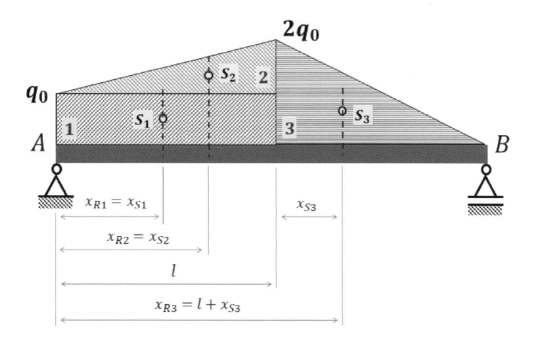

Abb. 4.4

Teilfläche	F_{Ri}	x_{Ri}	$F_{Ri} \cdot x_{Ri}$
Teilfläche **(1)**	$10\ kN$	$1m$	$10\ kN \cdot m$
Teilfläche **(2)**	$5\ kN$	$1,\overline{3}m$	$6,\overline{6}\ kN \cdot m$
Teilfläche **(3)**	$10\ kN$	$2,\overline{6}m$	$26,\overline{6}\ kN \cdot m$
$\sum Summe$	$25\ kN$		$43,\overline{3}\ kN \cdot m$

Nun müssen wir für jede Teilfläche die Produkte $F_{Ri} \cdot x_{Ri}$ berechnen und das Ergebnis in die Tabelle eintragen:

$$F_{R1} \cdot x_{R1} = 10\ kN \cdot 1m = 10\ kN \cdot m$$

$$F_{R2} \cdot x_{R2} = 5\ kN \cdot 1,\overline{3}m = 6,\overline{6}\ kN \cdot m$$

$$F_{R3} \cdot x_{R3} = 10\ kN \cdot 2,\overline{6}m = 26,\overline{6}\ kN \cdot m$$

$$\sum F_{Ri} \cdot x_{Ri} = F_{R1} \cdot x_{R1} + F_{R2} \cdot x_{R2} + F_{R3} \cdot x_{R3} = 10\ kN \cdot m + 6,\overline{6}\ kN \cdot m + 26,\overline{6}\ kN \cdot m$$

$$= 43,\overline{3}\ kN \cdot m$$

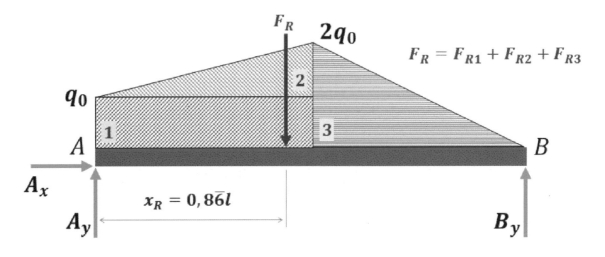

$$F_R = F_{R1} + F_{R2} + F_{R3}$$

$$x_R = 0,8\overline{6}l$$

Abb. 4.8

Teilfläche	F_{Ri}	x_{Ri}	$F_{Ri} \cdot x_{Ri}$
Teilfläche *(1)*	$10\,kN$	$1m$	$10\,kN \cdot m$
Teilfläche *(2)*	$5\,kN$	$1,\overline{3}m$	$6,\overline{6}\,kN \cdot m$
Teilfläche *(3)*	$10\,kN$	$2,\overline{6}m$	$26,\overline{6}\,kN \cdot m$
$\sum$ *Summe*	$25\,kN$		$43,\overline{3}\,kN \cdot m$

Schließlich verwenden wir die Gleichung **(I.3)** und setzen dort die Werte ein, die wir gerade erhalten haben:

$$x_R = x_S = \frac{1}{\sum A_i} \cdot \sum A_i \cdot x_{Si} = \frac{1}{\sum F_{Ri}} \cdot \sum F_{Ri} \cdot x_{Ri} \qquad \textbf{(I.3)}$$

$$x_R = \frac{1}{25\,kN} \cdot 43,\overline{3}\,kN \cdot m = 1,7\overline{3}m \qquad (4.20)$$

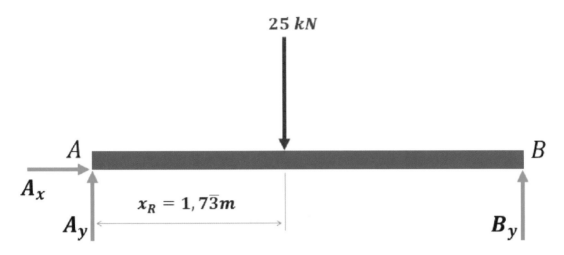

Abb. 4.9

Da wir bereits die resultierende Kraft F_R und den Abstand x_R erhalten haben, um die Lagerkräfte zu berechnen, brauchen wir die Streckenlast nicht mehr.

Dann haben wir noch einmal die Kräfte A_x und A_y für das Festlager und die Kraft B_y für das Loslager definiert.

Nun erstellen wir drei Gleichgewichtsgleichungen: Für die Kräfte in x-Richtung, in y-Richtung und eine Gleichung für die Drehmomente. Hier sind die ersten beiden:

$$\sum F_{ix} = 0 = A_x \tag{4.21}$$

$$\sum F_{iy} = 0 = A_y - F_R + B_y = A_y - 25 \, kN + B_y \tag{4.22}$$

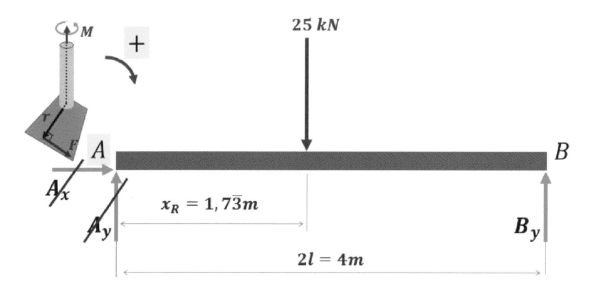

Abb. 4.10

Jetzt können wir weiter vorangehen und die Gleichung für die Drehmomente erstellen. Definieren wir den Bezugspunkt im Festlager (Punkt **A**), so können wir für die Drehmomente mehrere Kräfte aus der Gleichung eliminieren: Die Lagerkräfte A_x und A_y wirken am Bezugspunkt, deshalb ist der Abstand $r = 0$. So können wir diese Kräfte aus der Zeichnung entfernen, da sie für die Gleichung für die Drehmomente nicht relevant sind.

Wenn wir die Drehung im Uhrzeigersinn erneut als positiv definieren, lautet die Gleichung für die Drehmomente:

$$\sum M^{(A)} = 0 = F_R \cdot x_R - B_y \cdot 2l = 25 \; kN \cdot 1,7\overline{3}m - B_y \cdot 4m \tag{4.23}$$

Lösung (2) / Aufgabe 4

Wir haben also drei Gleichungen ((4.21), (4.22) und (4.23)) mit drei Unbekannten A_x, A_y und B_y erhalten: Das heißt, das lineare Gleichungssystem ist lösbar!

$$\sum F_{ix} = 0 = A_x \tag{4.21}$$

$$\sum F_{iy} = 0 = A_y - 25\ kN + B_y \tag{4.22}$$

$$\sum M^{(A)} = 0 = 25\ kN \cdot 1{,}7\overline{3}m - B_y \cdot 4m \tag{4.23}$$

Das Lösen eines linearen Gleichungssystems kann auf verschiedene Arten erfolgen. Wir werden hier die Intuitivste verfolgen. Wir haben zuvor aus Gleichung (4.21) erhalten:

$$A_x = 0\ kN \tag{4.24}$$

Nun ergibt die Gleichung (4.23) den Wert von B_y:

$$B_y = \frac{25\ kN \cdot 1{,}7\overline{3}m}{4\ m} = \frac{43{,}\overline{3}\ kN{\cdot}m}{4\ m} = 10{,}8\overline{3}\ kN \tag{4.25}$$

Damit ergibt die Gleichung (4.10) schließlich den Wert von A_y:

$$A_y = 25\ kN - B_y = 25\ kN - 10{,}8\overline{3}\ kN = 14{,}1\overline{6}\ kN \tag{4.26}$$

Damit haben wir wieder alle Lagerkräfte erhalten:

$$A_x = 0 \, kN \tag{4.24}$$

$$B_y = 10,8\overline{3} \, kN \tag{4.25}$$

$$A_y = 14,1\overline{6} \, kN \tag{4.26}$$

Unsere Ergebnisse aus der vorherigen Lösung sind:

$$A_x = 0 \, kN \tag{4.7}$$

$$B_y = 10,8\overline{3} \, kN \tag{4.12}$$

$$A_y = 14,1\overline{6} \, kN \tag{4.13}$$

Du siehst also, dass wir unabhängig von der Lösungsmöglichkeit die gleichen Ergebnisse erzielt haben, wie es eigentlich sein sollte!

Hier solltest Du entscheiden, welche Lösungsmöglichkeit für Dich besser geeignet ist: Mit mehreren resultierenden Kräften und Schwerpunktkoordinaten zu arbeiten und kompliziertere Gleichungen zur Ermittlung der Lagerkräfte zu haben (wie wir es in Lösungsmöglichkeit 1 getan haben), oder mehr Zeit in die Berechnung einer resultierenden Kraft zu investieren und eine Schwerpunktskoordinate und weniger komplizierte Gleichungen zur Ermittlung der Lagerkräfte (wie wir es in Lösungsmöglichkeit 2 getan haben) zu haben. Es liegt an Dir, beide Lösungsmöglichkeiten sind gleich gut!

Jetzt können wir weiter vorangehen und die Normal- und Querkräfte sowie das Biegemoment ermitteln!

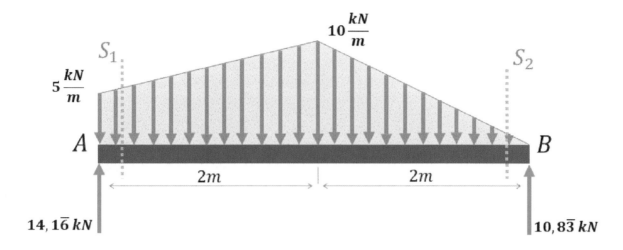

Abb. 4.11

Unser nächster Lösungsschritt besteht darin, die Normalkraft N, die Querkraft Q und das Biegemoment M_b zu bestimmen und grafisch darzustellen. Zu diesem Zweck haben wir die Streckenlast wieder in die Zeichnung eingefügt und die Werte der Lagerkräfte in die Zeichnung eingegeben. Wir werden wieder die einfachste Lösungsmöglichkeit wählen: Für diese Lösungsmöglichkeit werden wir grundsätzlich nur zwei Schnitte benötigen.

Der obligatorische Schnitt S_1 erfolgt direkt nach dem Festlager, um die Anfangswerte der Normalkraft N und der Querkraft Q zu erhalten. Um die Kontrollwerte der Normalkraft N und der Querkraft Q zu erhalten, werden wir den nicht obligatorischen Schnitt S_2 direkt vor dem Loslager machen.

Schließlich erhalten wir durch Integration der Querkraft Q das Biegemoment M_b.

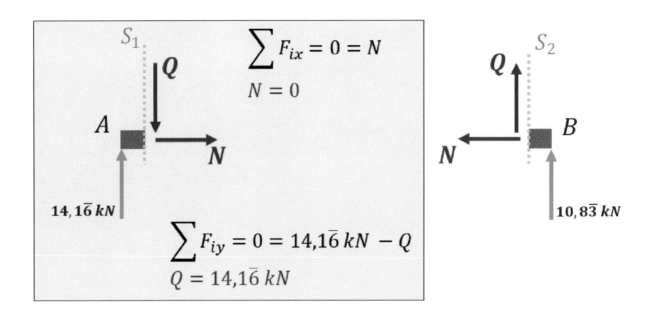

Abb. 4.12

Zunächst werden die Gleichgewichtsgleichungen für die Normal- und Querkräfte für den Schnitt S_1 ermittelt:

$$\sum F_{ix} = 0 = N \qquad (4.27)$$

$$N = 0 \, kN \qquad (4.28)$$

$$\sum F_{iy} = 0 = 14,1\overline{6} \, kN - Q \qquad (4.29)$$

$$Q = 14,1\overline{6} \, kN \qquad (4.30)$$

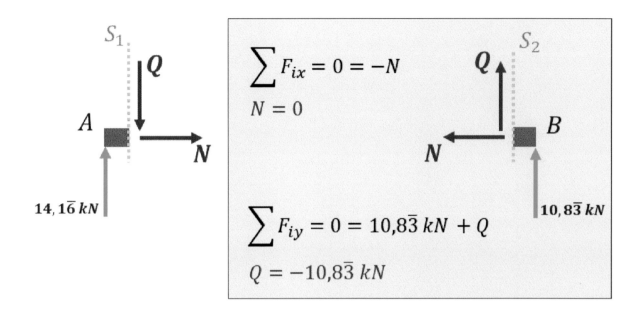

Abb. 4.13

Nun können wir weiter vorangehen und die Kontrollwerte oder Gleichgewichtsgleichungen für die Normal- und Querkräfte für den Schnitt S_2 bestimmen:

$$\sum F_{ix} = 0 = -N \qquad (4.31)$$

$$N = 0 \, kN \qquad (4.32)$$

$$\sum F_{iy} = 0 = 10,8\overline{3} \, kN + Q \qquad (4.33)$$

$$Q = -10,8\overline{3} \, kN \qquad (4.34)$$

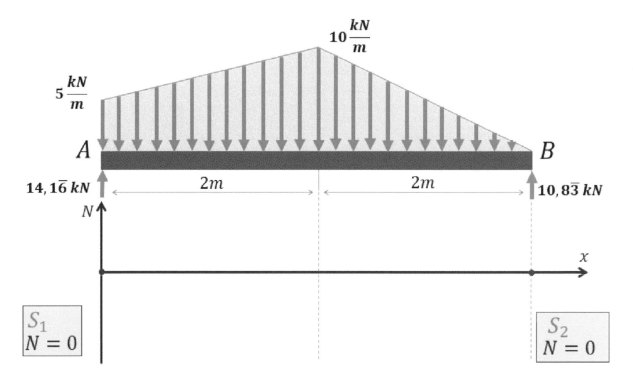

Abb. 4.14

Wir beginnen also mit der Normalkraft **N**.

Gemäß der Gleichung (4.28) und der Gleichung (4.32) beträgt der Anfangswert der Normalkraft $N = 0\ kN$ und der Kontrollwert $N = 0\ kN$.

Dieses Ergebnis haben wir in die Zeichnung eingegeben.

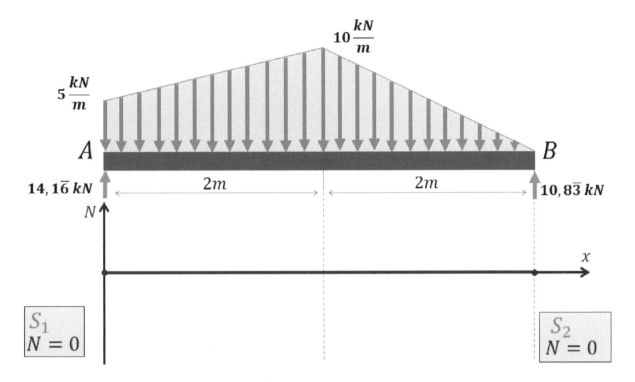

Abb. 4.15

Für die Normalkraft N werden wir nur die in x-Richtung wirkenden Kräfte berücksichtigen, da die Normalkraft N auch in x-Richtung wirkt.

Da wir keine in x-Richtung wirkenden Kräfte haben, ist der Wert der Normalkraft N überall konstant $N = 0\ kN$.

Dieses Ergebnis haben wir in die Zeichnung eingegeben.

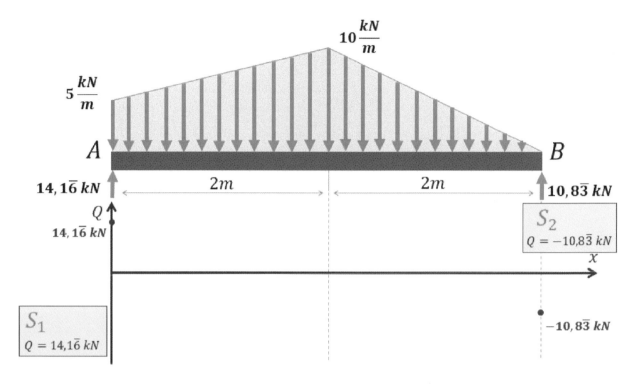

Abb. 4.16

Also fahren wir mit der Querkraft Q fort.

Gemäß der Gleichung (4.30) und der Gleichung (4.34) beträgt der Anfangswert der Querkraft $Q = \mathbf{14,1\overline{6}\ kN}$ und der Kontrollwert $Q = \mathbf{-10,8\overline{3}\ kN}$.

Dieses Ergebnis haben wir in die Zeichnung eingegeben.

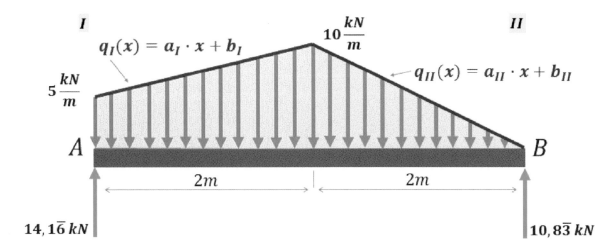

Abb. 4.17

Ab sofort wird die Lösung kniffliger:

Die mathematische Definition der Querkraft $Q(x)$ ist, dass sie durch Integration von $q(x)$ plus einer Integrationskonstante C erhalten wird.

$$Q(x) = -\int q(x) \cdot dx + C \tag{4.35}$$

Wenn wir uns nun die Zeichnung für $q(x)$ ansehen, können wir zwei Bereiche (I und II) identifizieren, in jedem dieser Bereiche ist $q(x)$ selbst linear.

Bereich I: $\qquad q_I(x) = a_I \cdot x + b_I \tag{4.36}$

Bereich II: $\qquad q_{II}(x) = a_{II} \cdot x + b_{II} \tag{4.37}$

Wir müssen also zuerst die Gleichungen für $q_I(x)$ und $q_{II}(x)$ für den Bereich I und für den Bereich II erhalten, was für uns bedeuten würde, die Konstanten a_I, b_I, a_{II} und b_{II} zu bestimmen.

Dann werden wir $q_I(x)$ und $q_{II}(x)$ gemäß der Gleichung (4.35) integrieren und die Gleichungen für $Q_I(x)$ und $Q_{II}(x)$ erhalten. Lass uns das machen!

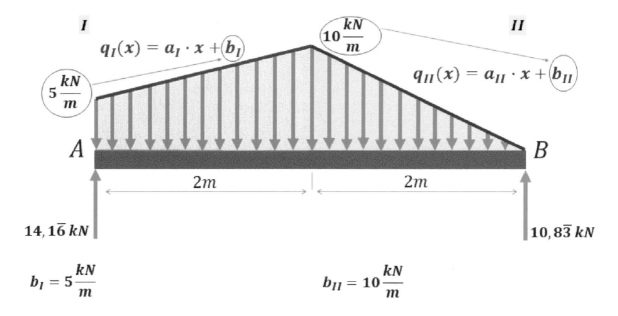

Abb. 4.18

Wir beginnen mit den beiden Konstanten b_I und b_{II}, die leicht zu bestimmen sind.

Sie sind beide die Anfangswerte für $q_I(x)$ und entsprechend $q_{II}(x)$.

Wie Du der obigen Zeichnung entnehmen kannst, beträgt der Anfangswert für $q_I(x)$ $5\frac{kN}{m}$.

Das bedeutet, dass

$$b_I = 5\frac{kN}{m} \tag{4.38}$$

Wie Du der obigen Zeichnung weiter entnehmen kannst, beträgt der Anfangswert für $q_{II}(x)$ $10\frac{kN}{m}$.

Das bedeutet, dass

$$b_{II} = 10\frac{kN}{m} \tag{4.39}$$

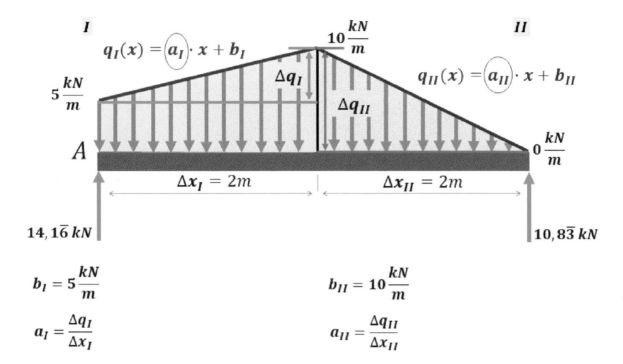

Abb. 4.19

Wir werden mit den zwei Steigungen a_I und a_{II} fortfahren, deren Bestimmung etwas komplizierter ist.

Aus der Definition:

$$a_I = \frac{\Delta q_I}{\Delta x_I} = \frac{q_{I(Endwert)} - q_{I(Anfangswert)}}{x_{I(Endwert)} - x_{I(Anfangswert)}} \tag{4.40}$$

$$a_{II} = \frac{\Delta q_{II}}{\Delta x_{II}} = \frac{q_{II(Endwert)} - q_{II(Anfangswert)}}{x_{II(Endwert)} - x_{II(Anfangswert)}} \tag{4.41}$$

Markieren wir zunächst die Anfangs- und Endwerte für q_I und q_{II} sowie für x_I und x_{II} in der Zeichnung, dann geben wir diese Werte in die Gleichungen (4.40) und (4.41) ein und berechnen schließlich a_I und a_{II}.

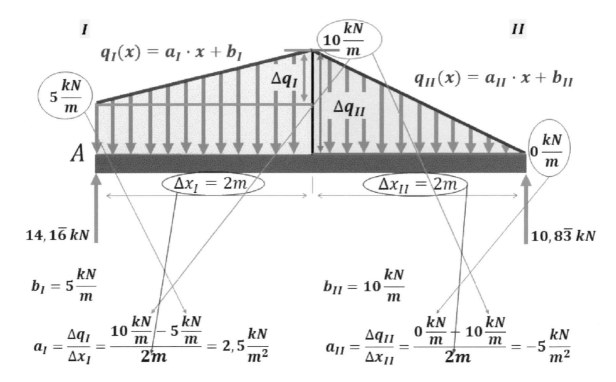

Abb. 4.20

Gehen Sie dazu wie in der obigen Zeichnung beschrieben vor:

$$a_I = \frac{\Delta q_I}{\Delta x_I} = \frac{q_{I(Endwert)} - q_{I(Anfangswert)}}{x_{I(Endwert)} - x_{I(Anfangswert)}} = \frac{10\frac{kN}{m} - 5\frac{kN}{m}}{2m} = 2,5\,\frac{kN}{m^2} \qquad (4.42)$$

$$a_{II} = \frac{\Delta q_{II}}{\Delta x_{II}} = \frac{q_{II(Endwert)} - q_{II(Anfangswert)}}{x_{II(Endwert)} - x_{II(Anfangswert)}} = \frac{0\frac{kN}{m} - 10\frac{kN}{m}}{2m} = -5\,\frac{kN}{m^2} \qquad (4.43)$$

Wir haben also alle Konstanten a_I, b_I, a_{II} und b_{II} bestimmt und können sie nun in die Gleichungen (4.36) und (4.37) eingeben und $q_I(x)$ und $q_{II}(x)$ erhalten.

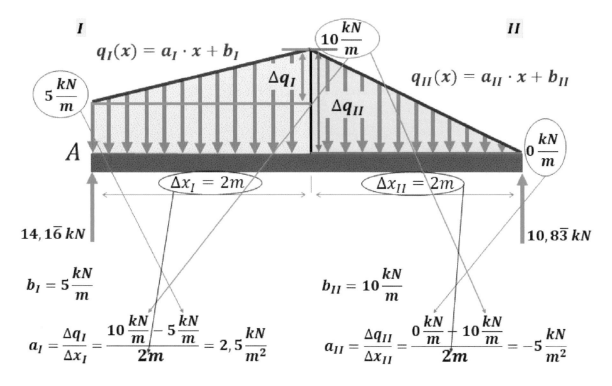

Abb. 4.20

Alle Werte, die wir für die Gleichungen benötigen, siehst Du in der Zeichnung oben:

Bereich **I**: $q_I(x) = a_I \cdot x + b_I$ (4.36)

Bereich **II**: $q_{II}(x) = a_{II} \cdot x + b_{II}$ (4.37)

Dann:

$$q_I(x) = 2,5\,\frac{kN}{m^2} \cdot x + 5\,\frac{kN}{m}$$ (4.44)

$$q_{II}(x) = -5\,\frac{kN}{m^2} \cdot x + 10\,\frac{kN}{m}$$ (4.45)

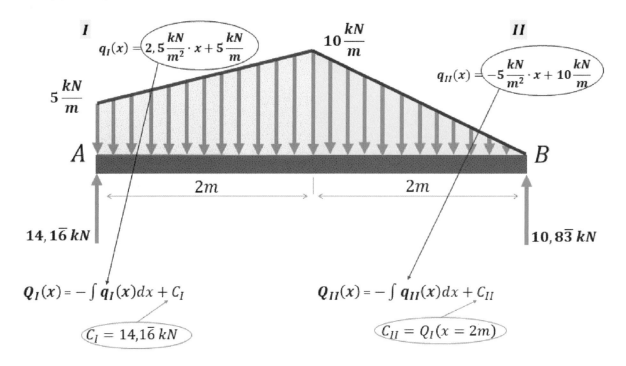

Abb. 4.21

Nun können wir die Definition der Querkraft $Q(x)$ verwenden, die durch Integration von $q(x)$ plus einer Integrationskonstante C erhalten wird.

$$Q(x) = - \int q(x) \cdot dx + C \qquad (4.35)$$

Wir müssen also die Gleichung (4.35) zweimal verwenden:

$$Q_I(x) = - \int q_I(x) \cdot dx + C_I \qquad (4.46)$$

$$Q_{II}(x) = - \int q_{II}(x) \cdot dx + C_{II} \qquad (4.47)$$

Nach der Gleichung (4.30) ist der Anfangswert der Querkraft $Q = 14,1\overline{6} \, kN$, diesen Wert können wir sofort als Integrationskonstante $C_I = 14,1\overline{6} \, kN$ verwenden.

Die Integrationskonstante C_{II} können wir nicht sofort erhalten, aber wir können es später tun, wenn die Gleichung für $Q_I(x)$ bestimmt würde. Dann könnten wir $Q_I(x = 2m)$ berechnen und diesen Wert als Integrationskonstante C_{II} verwenden.

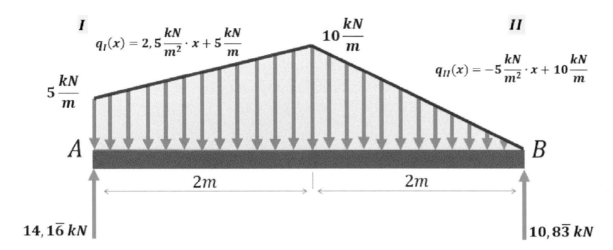

Abb. 4.22

Beginnen wir also mit $Q_I(x)$. Wir benötigen die folgende Gleichung:

$$Q_I(x) = -\int q_I(x) \cdot dx + C_I \tag{4.46}$$

Wir geben also $q_I(x) = 2,5\,\frac{kN}{m^2} \cdot x + 5\,\frac{kN}{m}$ und $C_I = 14,1\overline{6}\,kN$ in die Gleichung (4.46) ein:

$$Q_I(x) = -\int \left(2,5\,\frac{kN}{m^2} \cdot x + 5\,\frac{kN}{m}\right) \cdot dx + 14,1\overline{6}\,kN \tag{4.48}$$

Und rechnen aus:

$$Q_I(x) = -2,5\,\frac{kN}{m^2} \cdot \frac{x^2}{2} - 5\,\frac{kN}{m} \cdot x + 14,1\overline{6}\,kN \tag{4.48}$$

Schließlich können wir $Q_I(x = 2m)$ berechnen:

$$Q_I(x = 2m) = -2,5\,\frac{kN}{m^2} \cdot \frac{(2m)^2}{2} - 5\,\frac{kN}{m} \cdot 2m + 14,1\overline{6}\,kN = -5\,kN - 10\,kN +$$

$$14,1\overline{6}\,kN = -0,8\overline{3}\,kN \tag{4.49}$$

Dann ist $C_{II} = Q_I(x = 2m) = -0,8\overline{3}\,kN \tag{4.50}$

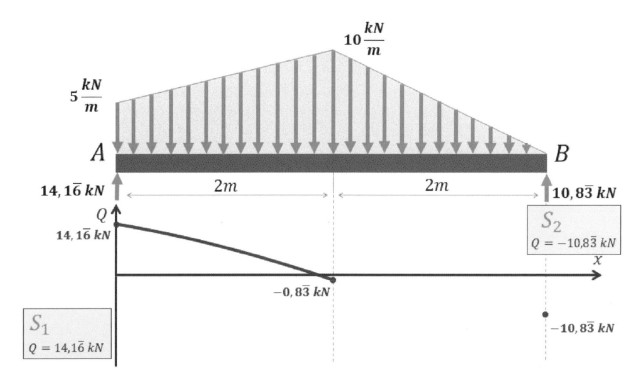

Abb. 4.23

Wir haben das Ergebnis für $Q_I(x = 2m) = -0,8\overline{3}\ kN$ in die Zeichnung eingegeben, wir haben auch die Integrationskonstante $C_{II} = -0,8\overline{3}\ kN$ definiert und können nun weiter vorgehen und $Q_{II}(x)$ berechnen.

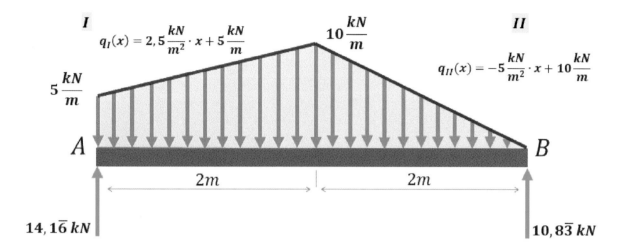

Abb. 4.24

Wiederholen wir also die Berechnungen für $Q_{II}(x)$. Wir benötigen die folgende Gleichung:

$$Q_{II}(x) = -\int q_{II}(x) \cdot dx + C_{II} \qquad (4.47)$$

Wir geben also $q_{II}(x) = -5\frac{kN}{m^2} \cdot x + 10\frac{kN}{m}$ und $C_{II} = -0,8\overline{3}\ kN$ in die Gleichung (4.47) ein:

$$Q_{II}(x) = -\int \left(-5\frac{kN}{m^2} \cdot x + 10\frac{kN}{m}\right) \cdot dx - 0,8\overline{3}\ kN \qquad (4.51)$$

Und rechnen aus:

$$Q_{II}(x) = 5\frac{kN}{m^2} \cdot \frac{x^2}{2} - 10\frac{kN}{m} \cdot x - 0,8\overline{3}\ kN \qquad (4.52)$$

Schließlich berechnen wir $Q_{II}(x = 2m)$:

$$Q_{II}(x = 2m) = 5\frac{kN}{m^2} \cdot \frac{(2m)^2}{2} - 10\frac{kN}{m} \cdot 2m - 0,8\overline{3}\ kN = 10\ kN - 20\ kN -$$

$$0,8\overline{3}\ kN = -10,8\overline{3}\ kN \qquad (4.53)$$

Jetzt können wir alle Werte, die wir für $Q_{II}(x)$ erhalten haben, in die Zeichnung eingeben!

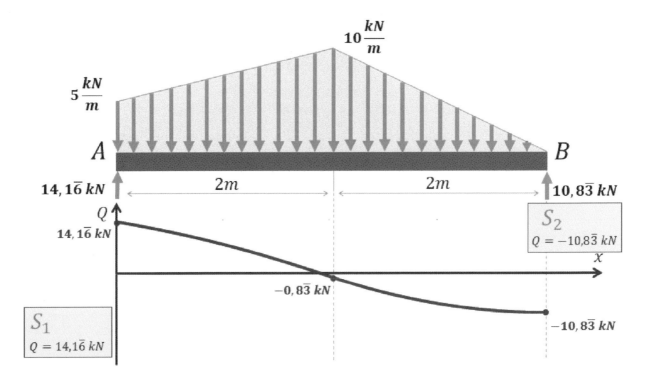

Abb. 4.25

Denk dran: Mathematisch ist die Querkraft Q einen Integrationsschritt höher als die Streckenlast q (x).

Wenn also die Streckenlast $q(x)$ selbst linear ist, wie es in unserer Aufgabe der Fall ist, dann ist die Querkraft Q einen Integrationsschritt höher als die Streckenlast $q(x)$ oder quadratisch.

Dies müssen wir beim Zeichnen berücksichtigen!

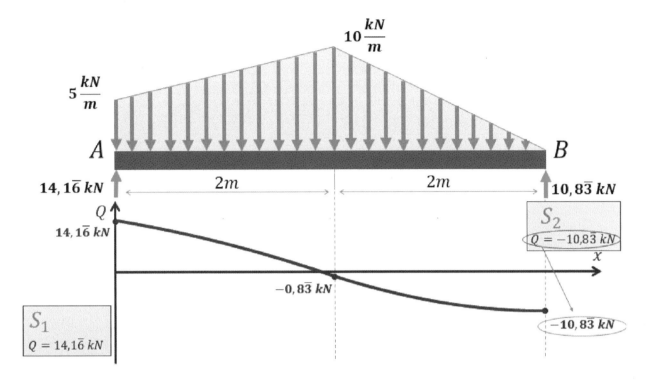

Abb. 4.26

Vergleichen wir abschließend das Ergebnis $Q_{II}(x = 2m) = -10,8\overline{3}\, kN$ mit unserem Kontrollwert

$$Q = -10,8\overline{3}\, kN \tag{4.34}$$

dann können wir sehen, dass sie identisch sind und das heißt, dass unsere Berechnungen korrekt sind!

Nun können wir weiter vorgehen und das Biegemoment M_b berechnen!

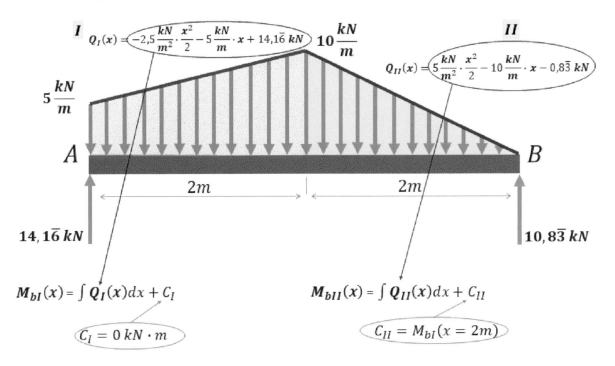

Abb. 4.27

Die mathematische Definition des Biegemoments M_b ist, dass es durch Integration der Querkraft Q plus einer Integrationskonstante C erhalten wird.

$$M_b = \int Q \cdot dx + C \qquad (1.38)$$

Wenn wir uns nun die Zeichnung ansehen, können wir wieder zwei Bereiche (**I** und **II**) identifizieren, in denen die Querkraft Q unterschiedlich ist:

Bereich **I**: $\quad Q_I(x) = -2,5\,\frac{kN}{m^2} \cdot \frac{x^2}{2} - 5\,\frac{kN}{m} \cdot x + 14,1\overline{6}\,kN \qquad (4.48)$

Bereich **II**: $\quad Q_{II}(x) = 5\,\frac{kN}{m^2} \cdot \frac{x^2}{2} - 10\,\frac{kN}{m} \cdot x - 0,8\overline{3}\,kN \qquad (4.52)$

Für jeden dieser Bereiche müssen wir die Querkraft Q integrieren, um das Biegemoment M_b zu erhalten!

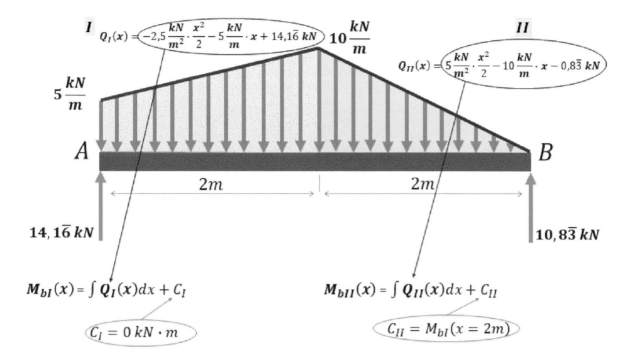

Abb. 4.27

Bevor wir dies tun, wollen wir kurz wiederholen, was die Integrationskonstante C eigentlich bedeutet: Die Integrationskonstante C ist die Anfangsbedingung für den Parameter, der als Ergebnis der Integration erhalten wird. Für unsere Aufgabe ist die Integrationskonstante C die Anfangsbedingung für das Biegemoment M_b.

Bezeichnung	Symbol	Normalkraft N	Querkraft Q	Biegemoment M_b
freies Ende		0	0	0
Festlager		$\neq 0$	$\neq 0$	0
Loslager		0	$\neq 0$	0

Tabelle. I.d

Auch hier verwenden wir die obige Tabelle, um unnötige Berechnungen zu vermeiden.

Wenn wir uns entlang des Balkens (siehe Aufgabe) von links nach rechts bewegen, wäre die Ausgangsbedingung für das Biegemoment M_b sein Wert am Festlager, der gemäß der Tabelle $M_b = 0$ ist.

Bewegen wir uns entlang des Balkens (siehe Aufgabe) von rechts nach links, so ist die Ausgangsbedingung für das Biegemoment M_b der Wert am Loslager, der ebenfalls gemäß der obigen Tabelle $M_b = 0$ ist.

Ohne Berechnung und nur mit Hilfe der obigen Tabelle kennen wir also bereits zwei Werte des Biegemoments M_b: Am Loslager und am Festlager, und diese Werte sind absolut korrekt!

Wir können diese Werte sofort in die Zeichnung eintragen!

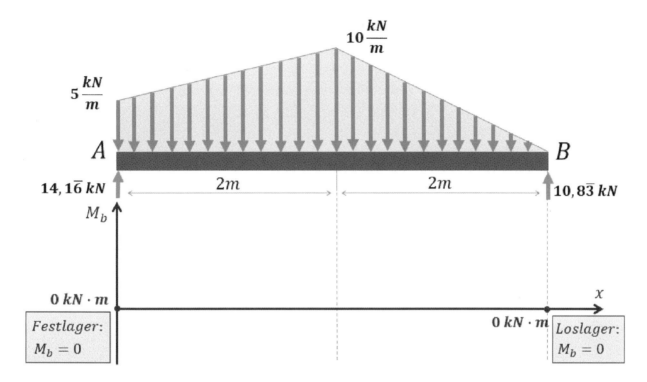

Abb. 4.28

Nun fangen wir mit dem Bereich **I** an: Hier ist die Querkraft:

$$Q_I(x) = -2,5\frac{kN}{m^2}\cdot\frac{x^2}{2} - 5\frac{kN}{m}\cdot x + 14,1\overline{6}\,kN \text{ und dann } M_b = \int Q_I(x)\cdot dx + C_I \quad (4.54)$$

Wir geben $Q_I(x)$ in die Gleichung (4.54) sowie $C_I = 0$ ein, was entsprechend der **Tabelle I.d** der Anfangswert des Biegemoments am Festlager ist.

$$M_{bI} = \int\left(-2,5\frac{kN}{m^2}\cdot\frac{x^2}{2} - 5\frac{kN}{m}\cdot x + 14,1\overline{6}\,kN\right)\cdot dx + 0 \quad (4.55)$$

Und rechnen aus:

$$M_{bI} = -2,5\frac{kN}{m^2}\cdot\frac{x^3}{6} - 5\frac{kN}{m}\cdot\frac{x^2}{2} + 14,1\overline{6}\,kN\cdot x \quad (4.56)$$

Jetzt brauchen wir nur noch den M_{bI} Wert bei $x = 2\,m$ auszurechnen:

$$M_{bI}(x = 2m) = -2,5\frac{kN}{m^2}\cdot\frac{(2m)^3}{6} - 5\frac{kN}{m}\cdot\frac{(2m)^2}{2} + 14,1\overline{6}\,kN\cdot 2m = -3,\overline{3}\,kN\cdot$$

$$m - 10\,kN\cdot m + 28,\overline{3}\,kN\cdot m = 15\,kN\cdot m \quad (4.57)$$

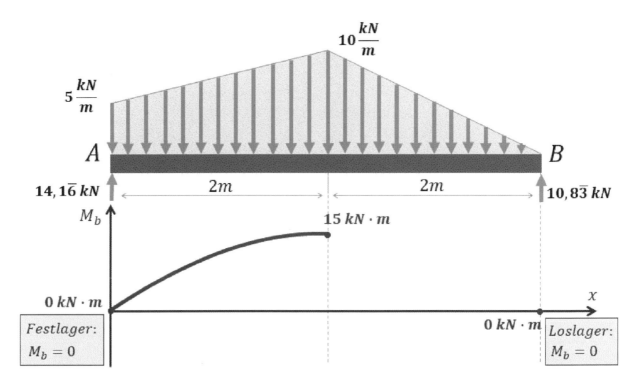

Abb. 4.29

Wir haben das Ergebnis für $M_{bI}(x = 2m) = 15\,kN \cdot m$ in die Zeichnung eingefügt, wir haben auch die Integrationskonstante $C_{II} = 15\,kN \cdot m$ definiert und können nun weiter vorgehen und $M_{bII}(x)$ berechnen.

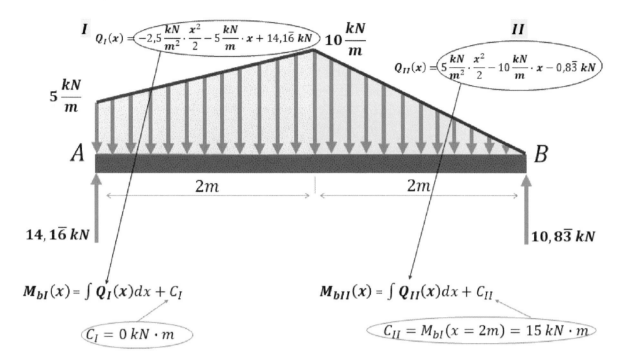

Abb. 4.30

Nun fahren wir mit dem Bereich **II** fort: Hier beträgt die Querkraft:

$$Q_{II}(x) = 5\frac{kN}{m^2} \cdot \frac{x^2}{2} - 10\frac{kN}{m} \cdot x - 0,8\overline{3}\,kN \text{ und dann } M_{bII} = \int Q_{II}(x) \cdot dx + C_{II} \quad (4.58)$$

Wir geben $Q_{II}(x)$ in die Gleichung (4.58) sowie $C_{II} = M_{bI}(x = 2m) = 15\,kN \cdot m$ ein, was der Gleichung (4.57) entspricht.

$$M_{bII} = \int \left(5\frac{kN}{m^2} \cdot \frac{x^2}{2} - 10\frac{kN}{m} \cdot x - 0,8\overline{3}\,kN\right) \cdot dx + 15\,kN \cdot m \quad (4.59)$$

Und rechnen aus:

$$M_{bII} = 5\frac{kN}{m^2} \cdot \frac{x^3}{6} - 10\frac{kN}{m} \cdot \frac{x^2}{2} - 0,8\overline{3}\,kN \cdot x + 15\,kN \cdot m \quad (4.60)$$

Jetzt brauchen wir nur noch den M_{bII} Wert bei $x = 2\,m$ auszurechnen:

$$M_{bII}(x = 2m) = 5\frac{kN}{m^2} \cdot \frac{(2m)^3}{6} - 10\frac{kN}{m} \cdot \frac{(2m)^2}{2} - 0,8\overline{3}\,kN \cdot 2m + 15\,kN \cdot m = 6,6\overline{6}\,kN \cdot$$

$$m - 20\,kN \cdot m - 1,6\overline{6}\,kN \cdot m + 15\,kN \cdot m = 0\,kN \cdot m \quad (4.61)$$

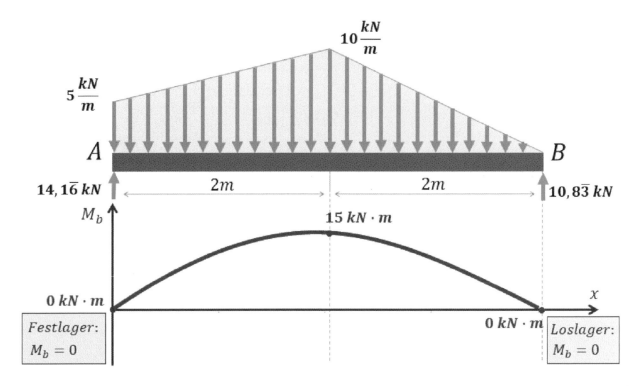

Abb. 4.31

Wir haben das Ergebnis für $M_{bII}(x)$ ebenfalls in die Zeichnung eingegeben.

Wir haben erhalten

$$M_{bII}(x = 2m) = 0\,kN \cdot m \tag{4.61}$$

Dieses Ergebnis entspricht perfekt unserem Kontrollwert für $M_b = 0$ am Loslager, was beweist, dass unsere Berechnungen soweit korrekt sind!

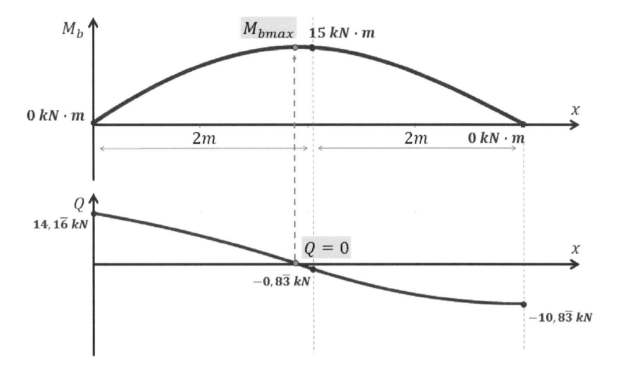

Abb. 4.32

Nun, wir sind fast fertig: Wir müssen nur noch berechnen, wo genau die Querkraft gleich Null ist und den entsprechenden Wert (oder den Maximalwert) für das Biegemoment berechnen. Also machen wir das!

Die Querkraft ist im Bereich **I** gleich Null: Dort beträgt die Querkraft:

$$Q_I(x) = -2,5\,\frac{kN}{m^2} \cdot \frac{x^2}{2} - 5\,\frac{kN}{m} \cdot x + 14,1\overline{6}\,kN$$

Und das Biegemoment ist $M_{bI} = -2,5\,\frac{kN}{m^2} \cdot \frac{x^3}{6} - 5\,\frac{kN}{m} \cdot \frac{x^2}{2} + 14,1\overline{6}\,kN \cdot x$.

Also müssen wir jetzt die Gleichung für die Querkraft $Q_I(x) = 0$ setzen, die Koordinate x dafür bestimmen, und diesen Wert für x in die Gleichung für das Biegemoment einsetzen, um den Maximalwert zu erhalten!

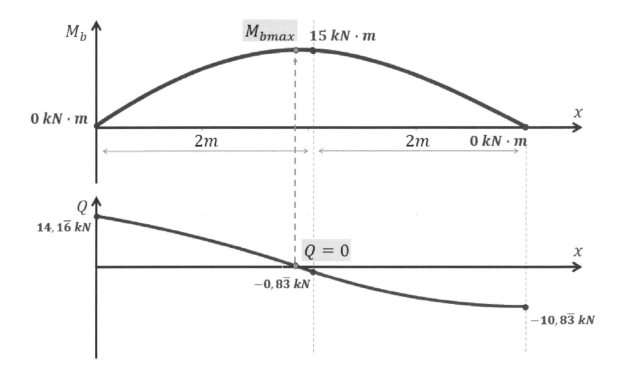

Abb. 4.32

Also machen wir das!

$$-2,5\,\frac{kN}{m^2}\cdot\frac{x^2}{2}-5\,\frac{kN}{m}\cdot x+14,1\overline{6}\,kN=0 \qquad (4.62)$$

Zuerst teilen wir die Gleichung durch den Koeffizienten vor x^2

$$-2,5\,\frac{kN}{m^2}\cdot\frac{1}{2}=-1,25\,\frac{kN}{m^2}$$

$$x^2+4\cdot x-11,1\overline{3}=0 \qquad (4.63)$$

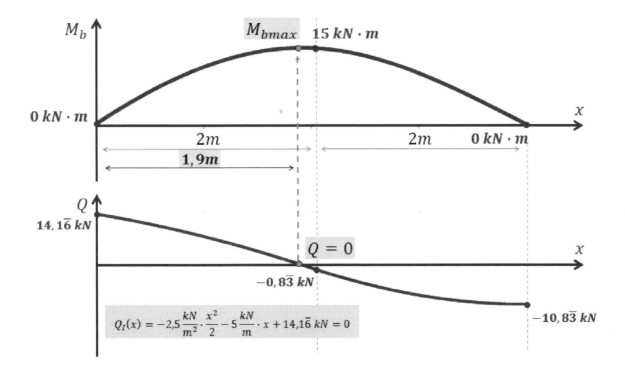

Abb. 4.33

Was wir jetzt haben, ist eine quadratische Gleichung in Normalform $x^2 + p \cdot x + q = 0$, wobei $p = 4$ und $q = -11,1\overline{3}$.

Diese Gleichung hat zwei Lösungen: $x_{1,2} = -\frac{p}{2} \pm \sqrt{\left(\frac{p}{2}\right)^2 - q}$. Also geben wir die Werte von of $p = 4$ und $q = -11,1\overline{3}$ in diese Gleichung ein und berechnen die beiden Werte für die Koordinate x:

$$x_{1,2} = -\frac{4}{2} \pm \sqrt{\left(\frac{4}{2}\right)^2 - (-11,1\overline{3})} = -2 \pm \sqrt{(2)^2 + 11,1\overline{3}} = -2m \pm 3,9m \text{ was ergibt die}$$

beiden Werte

$$x_1 = 1,9m \tag{4.64}$$

und $x_2 = -5,9m$ (4.65)

Da die Koordinate nicht negativ sein kann, wäre für unsere Aufgabe nur die Lösung $x_1 = 1,9m$ relevant.

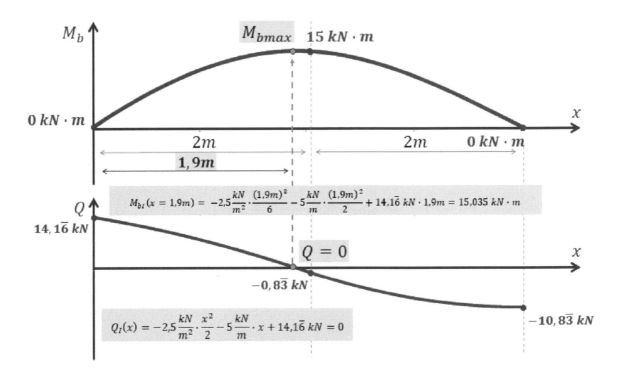

Abb. 4.34

Für das Biegemoment $M_{bI} = -2,5\frac{kN}{m^2} \cdot \frac{x^3}{6} - 5\frac{kN}{m} \cdot \frac{x^2}{2} + 14,1\overline{6}\,kN \cdot x$ müssen wir nun den Wert von $x_1 = 1,9m$ in die Gleichung eingeben, um den Maximalwert des Biegemoments zu berechnen:

$$M_{bI}(x = 1,9m) = -2,5\frac{kN}{m^2} \cdot \frac{(1,9m)^3}{6} - 5\frac{kN}{m} \cdot \frac{(1,9m)^2}{2} + 14,1\overline{6}\,kN \cdot 1,9m$$

$$= -2,81\,kN \cdot m - 8,93\,kN \cdot m + 26,77\,kN \cdot m$$

$$= 15,035\,kN \cdot m$$

Das ergibt:

$$M_{bI}(x = 1,9m) = M_{bmax} = 15,035\,kN \cdot m \qquad (4.66)$$

Jetzt können wir endlich alle Werte in die Zeichnung eintragen!

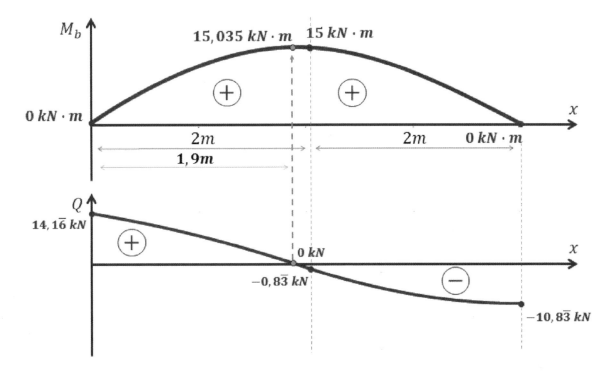

Abb. 4.35

Nun sind wir wirklich fertig und haben die Aufgabe 4 erfolgreich gelöst ☺

Aufgabe 5

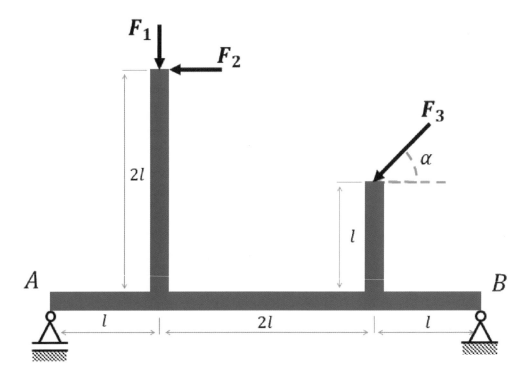

Abb. 5.1

*Aufgabe: Auf den Balken in **Abb. 5.1** wirken drei Kräfte F_1, F_2 und F_3.*

- *Bestimme die Lagerkräfte,*
- *Bestimme die Verläufe der Normalkraft, Querkraft und des Biegemoments.*

Gegeben: $F_1 = 3F$, $F_2 = 5F$, $F_3 = 7\sqrt{2}F$, $\alpha = 45°$, l.

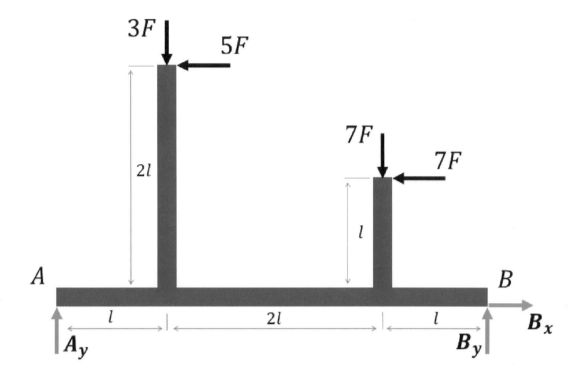

Abb. 5.2

Wie Du sehen kannst, befindet sich links in **Abb. 5.2** ein Loslager, d.h. es wirkt nur eine Lagerkraft in y-Richtung. Rechts in **Abb. 5.2** liegt ein Festlager vor, d.h. es liegen zwei in x- und in y-Richtung wirkende Lagerkräfte vor. Jetzt werden wir diese Informationen in die Zeichnung eingeben.

Für die Kraft $F_3 = 7\sqrt{2}F$ und den Winkel $\alpha = 45°$ können wir leicht die entsprechenden x- und y-Komponenten berechnen.

$$F_{3x} = F_3 \cdot \cos 45° = 7\sqrt{2}\,F \cdot \cos 45° = 7F$$

$$F_{3y} = F_3 \cdot \sin 45° = 7\sqrt{2}\,F \cdot \sin 45° = 7F$$

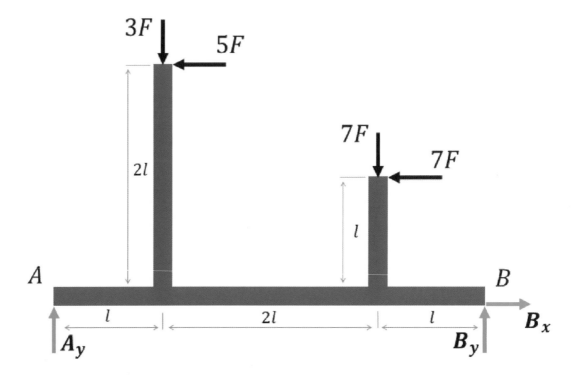

Abb. 5.2

Dann haben wir die Kräfte B_x and B_y für das Festlager und die Kraft A_y für das Loslager definiert.

Nun erstellen wir drei Gleichgewichtsgleichungen: Für die Kräfte in x-Richtung, in y-Richtung und eine Gleichung für die Drehmomente. Hier sind die ersten beiden:

$$\sum F_{ix} = 0 = -5F - 7F + B_x \tag{5.1}$$

$$\rightarrow B_x = 12F \tag{5.2}$$

$$\sum F_{iy} = 0 = A_y - 3F - 7F + B_y = A_y - 10F + B_y \tag{5.3}$$

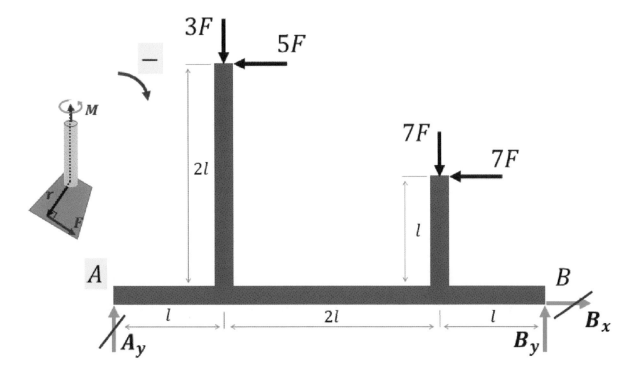

Abb. 5.3

Jetzt können wir die Gleichung für die Drehmomente bestimmen. Wir definieren den Bezugspunkt im Loslager (Punkt **A**) und vervollständigen mit der resultierenden Gleichung das lineare Gleichungssystem zur Berechnung der Lagerkräfte. Wir haben zusätzlich entschieden, dass die Drehung im Uhrzeigersinn negativ ist, wie es in der obigen Zeichnung dargestellt ist.

Um dieses Problem zu lösen, müssen wir die Theorie wiederholen: Das Drehmoment ist das Rotationsäquivalent der linearen Kraft. Es kann nach folgender Gleichung erhalten werden: $M = r \cdot F$ (1.4)

Hier ist r der Abstand vom **Bezugspunkt** zur einwirkenden Kraft. F ist die **senkrecht** zum Hebelarm r gerichtete Kraft. Eine zum Hebelarm r parallel gerichtete Kraft erzeugt kein Kraftmoment.

Es gibt einen Unterschied in dieser Aufgabe im Vergleich zu den zuvor gelösten Aufgaben: Es wirken zwei Kräfte in x-Richtung (**5F** und **7F**), die in y-Richtung (**2l** und **l**) einen Hebelarm ungleich Null haben. Dies müssen wir in die Gleichung für die Drehmomente einbeziehen!

199

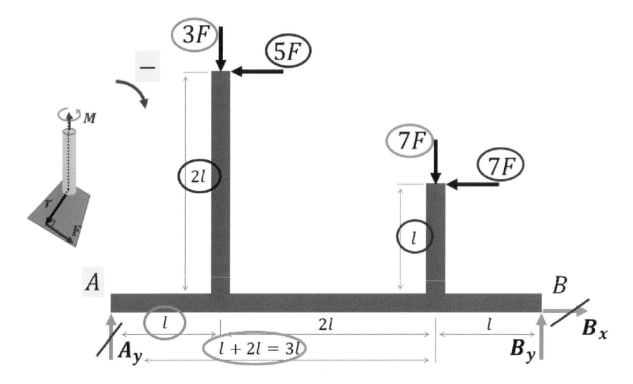

Abb. 5.4

Jetzt können wir die Gleichung für die Drehmomente bestimmen: Hier haben wir mit Ausnahme der Kraft B_y die einwirkenden Kräfte und die entsprechenden Hebelarme farblich gekennzeichnet.

Also, nach allen zuvor diskutierten Regeln (siehe Aufgabe 1):

$$\sum M^{(A)} = 0 = -3F \cdot l + 5F \cdot 2l - 7F \cdot 3l + 7F \cdot l + B_y \cdot 4l$$

Also:

$$\sum M^{(A)} = 0 = -7F \cdot l + B_y \cdot 4l \tag{5.4}$$

$$\sum F_{ix} = 0 = -5F - 7F + B_x \tag{5.1}$$

$$\sum F_{iy} = 0 = A_y - 10F + B_y \tag{5.3}$$

$$\sum M^{(A)} = 0 = -7F \cdot l + B_y \cdot 4l \tag{5.4}$$

Wir haben also drei Gleichungen ((5.1), (5.3) und (5.4)) mit drei Unbekannten A_y, B_x, und B_y erhalten: Das heißt, das lineare Gleichungssystem ist lösbar!

Das Lösen eines linearen Gleichungssystems kann auf verschiedene Arten erfolgen. Wir werden hier die Intuitivste verfolgen. Wir haben zuvor erhalten, dass die Gleichung (5.1) ergibt:

$$A_x = 12F \tag{5.2}$$

Nun ergibt die Gleichung (5.4) den Wert von B_y:

$$B_y = \frac{7F \cdot l}{4l} = 1,75F \tag{5.5}$$

Damit ergibt die Gleichung (5.3) schließlich den Wert von A_y:

$$A_y = 10F - B_y = 10F - 1,75F = 8,25F \tag{5.6}$$

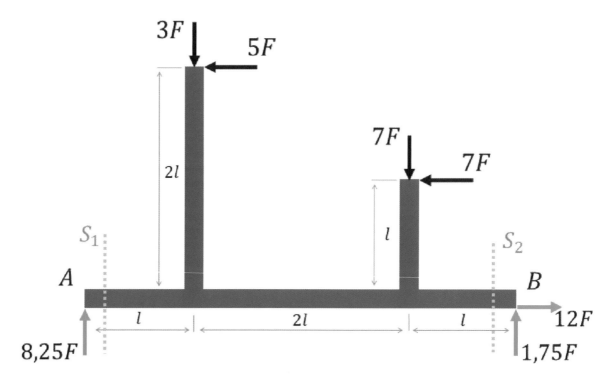

Abb. 5.5

Unser nächster Lösungsschritt besteht darin, die Normalkraft N, die Querkraft Q und das Biegemoment M_b zu bestimmen und grafisch darzustellen. Dazu haben wir die Werte der Lagerkräfte in die Zeichnung eingetragen. Wir werden wieder die einfachste Lösungsmöglichkeit wählen: Für diese Lösungsmöglichkeit werden wir grundsätzlich nur zwei Schnitte benötigen.

Der obligatorische Schnitt S_1 erfolgt direkt nach dem Loslager, um die Anfangswerte der Normalkraft N und der Querkraft Q zu erhalten. Um die Kontrollwerte der Normalkraft N und der Querkraft Q zu erhalten, werden wir einen nicht obligatorischen Schnitt S_2 direkt vor dem Festlager machen.

Schließlich erhalten wir durch Integration der Querkraft Q das Biegemoment M_b.

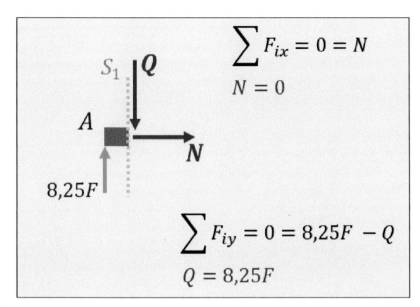
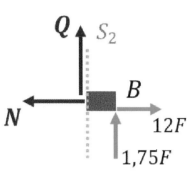

Abb. 5.6

Zunächst werden die Gleichgewichtsgleichungen für die Normal- und Querkräfte für den Schnitt S_1 ermittelt:

$$\sum F_{ix} = 0 = N \tag{5.7}$$

$$N = 0\ kN \tag{5.8}$$

$$\sum F_{iy} = 0 = 8,25F - Q \tag{5.9}$$

$$Q = 8,25F \tag{5.10}$$

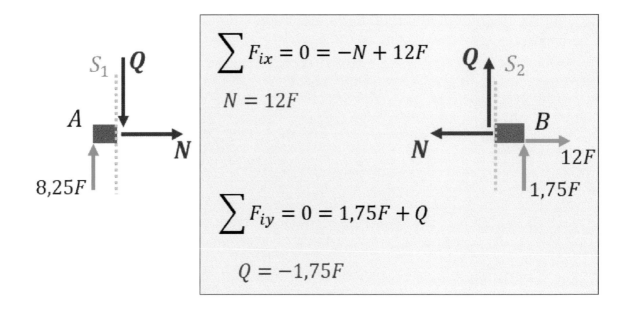

Abb. 5.7

Nun können wir weiter vorgehen und die Kontrollwerte oder Gleichgewichtsgleichungen für die Normal- und Querkräfte für den Schnitt S_2 bestimmen:

$$\sum F_{ix} = 0 = -N + 12F \tag{5.11}$$

$$N = 12F \tag{5.12}$$

$$\sum F_{iy} = 0 = Q + 1,75F \tag{5.13}$$

$$Q = -1,75F \tag{5.14}$$

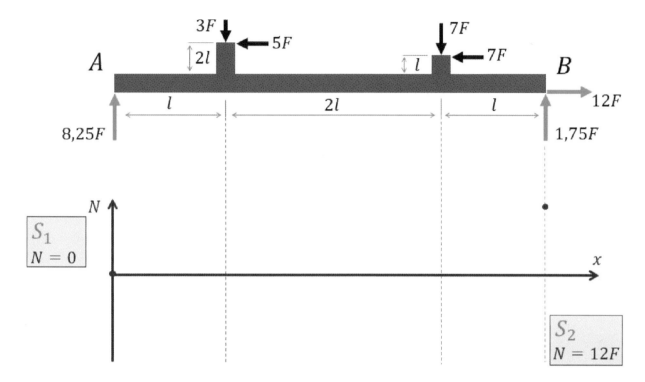

Abb. 5.8

Um die Zeichnung an die vorgesehene Stelle einzupassen, haben wir den Balken etwas in y-Richtung skaliert. Dies bedeutet natürlich nicht, dass sich die Bedingungen in der Aufgabe geändert haben.

Wir beginnen also mit der Normalkraft N.

Nach der Gleichung (5.8) und nach der Gleichung (5.12) ist der Anfangswert der Normalkraft $N = 0$ sowie der Kontrollwert $N = 12F$.

Dieses Ergebnis haben wir in die Zeichnung eingegeben.

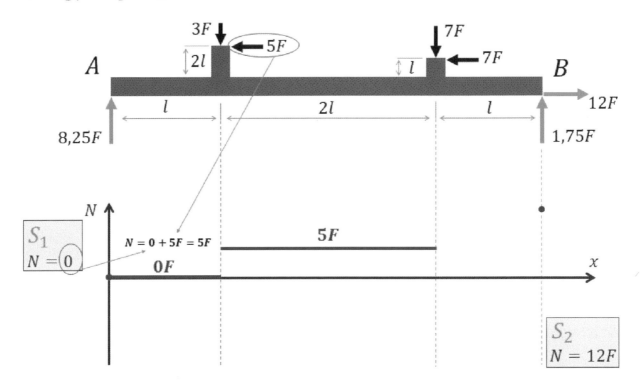

Abb. 5.9

Die Normalkraft behält den Wert $N = 0$ bei, bis die erste in x-Richtung wirkende Kraft erreicht ist ($5F$).

An dem Punkt, an dem die Kraft $5F$ erreicht ist, macht die Normalkraft einen Sprung (Unstetigkeit) von dem Anfangswert $N = 0$ plus dem Kraftwert $5F$ und wir erhalten den Wert von $0F + 5F = 5F$.

Diesen Wert haben wir sofort in unsere Zeichnung übernommen.

Wichtig: Alle Kräfte, die genau wie die Normalkraft N in x-Richtung wirken, was für uns von links nach rechts bedeutet, werden vom aktuellen Wert der Normalkraft N subtrahiert.

Alle Kräfte, die in x-Richtung entgegengesetzt zur Normalkraft N wirken, was für uns von rechts nach links bedeutet, werden zum aktuellen Wert der Normalkraft N addiert.

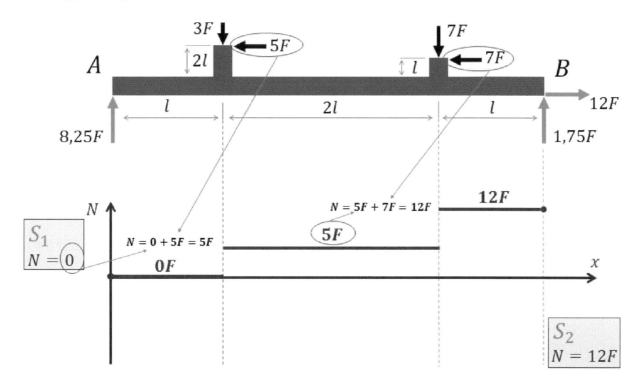

Abb. 5.10

Die Normalkraft behält den Wert $N = 5F$ bei, bis die nächste in x-Richtung wirkende Kraft erreicht ist ($7F$).

An dem Punkt, an dem die Kraft $7F$ erreicht ist, macht die Normalkraft einen Sprung (Unstetigkeit) von dem Anfangswert $N = 5F$ plus dem Kraftwert $7F$ und wir erhalten den Wert von $5F + 7F = 12F$.

Diesen Wert haben wir sofort in unsere Zeichnung übernommen.

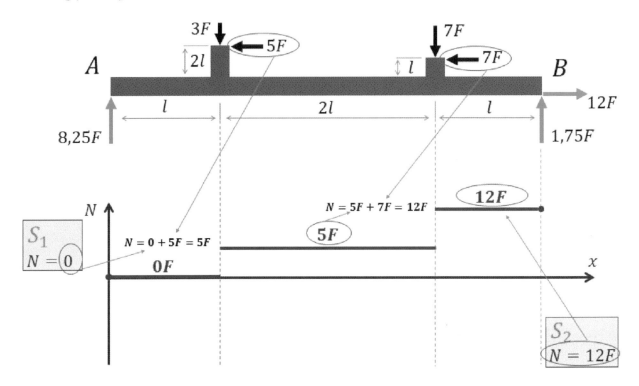

Abb. 5.11

Wenn wir nun das Ergebnis überprüfen möchten (dies ist ebenfalls optional, nicht unbedingt erforderlich), müssen wir den Wert der soeben erhaltenen Längskraft (**12F**) mit dem Kontrollwert vom Schnitt S_2 (**12F**) vergleichen. Wie Du siehst, sind beide Werte identisch, was bedeutet, dass unsere Lösung soweit korrekt ist!

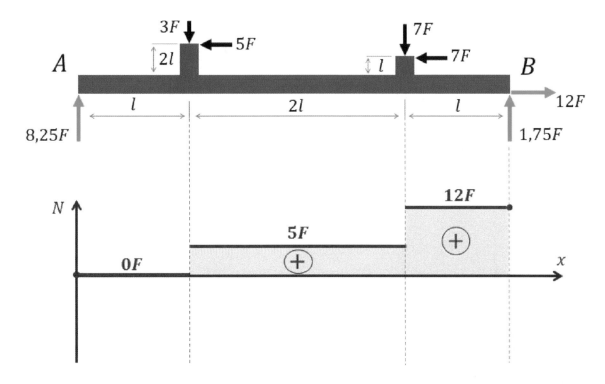

Abb. 5.12

Damit haben wir endlich alle Informationen, die für die Normalkraft nicht mehr notwendig sind, aus der Zeichnung entfernt und zusätzlich die Bereiche markiert, in denen die Normalkraft positive Werte annimmt.

Jetzt können wir mit der Querkraft weitermachen!

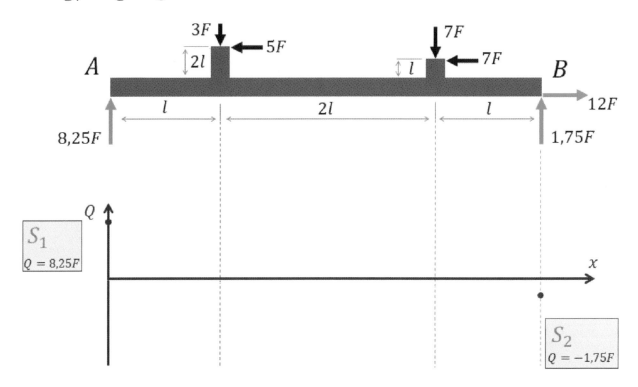

Abb. 5.13

Gemäß der Gleichung (5.10) können wir in die Zeichnung den Anfangswert der Querkraft $Q = 8,25F$ sowie den Kontrollwert $Q = -1,75F$ gemäß der Gleichung (5.14) eingeben.

Für die Querkraft Q werden wir nur die in y-Richtung wirkenden Kräfte berücksichtigen, da die Querkraft Q auch in y-Richtung wirkt.

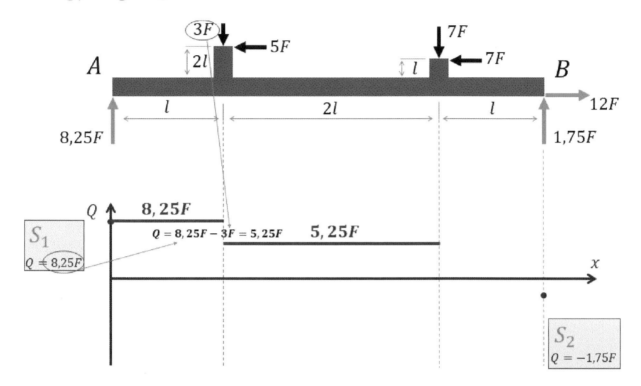

Abb. 5.14

Die Querkraft behält den Wert $Q = 8,25F$ bei, bis die erste in y-Richtung wirkende Kraft erreicht ist ($3F$).

An dem Punkt, an dem die Kraft $3F$ erreicht ist, macht die Querkraft einen Sprung (Unstetigkeit) von dem Anfangswert $Q = 8,25F$ minus dem Kraftwert $3F$ und wir erhalten einen Wert von $25F - 3F = 5,25F$.

Diesen Wert haben wir sofort in unsere Zeichnung übernommen.

Wichtig: Alle Kräfte, die genau wie die Querkraft Q in y-Richtung wirken, was für uns nach unten bedeutet, werden vom aktuellen Wert der Querkraft Q subtrahiert.

Alle Kräfte, die in y-Richtung entgegengesetzt zur Querkraft Q wirken, was für uns nach oben bedeutet, werden zum aktuellen Wert der Querkraft Q addiert.

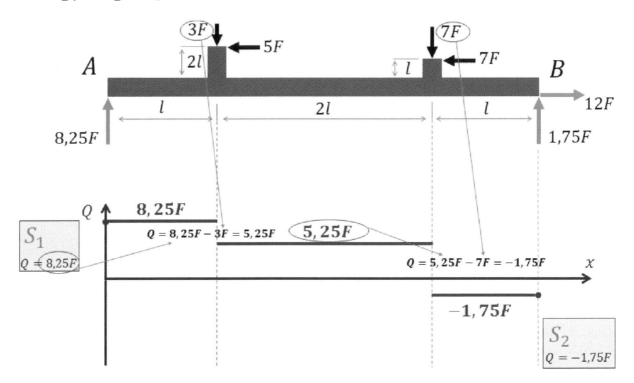

Abb. 5.15

Die Querkraft behält den aktuellen Wert $Q = 5.25F$ bei, bis die weitere in y-Richtung wirkende Kraft erreicht ist ($7F$).

An dem Punkt, an dem die Kraft $7F$ erreicht ist, macht die Querkraft einen Sprung (Unstetigkeit) von dem Anfangswert $Q = 5,25F$ minus dem Kraftwert $7F$ und wir erhalten einen Wert von $5,25F - 7F = -1,75F$.

Diesen Wert haben wir sofort in unsere Zeichnung übernommen.

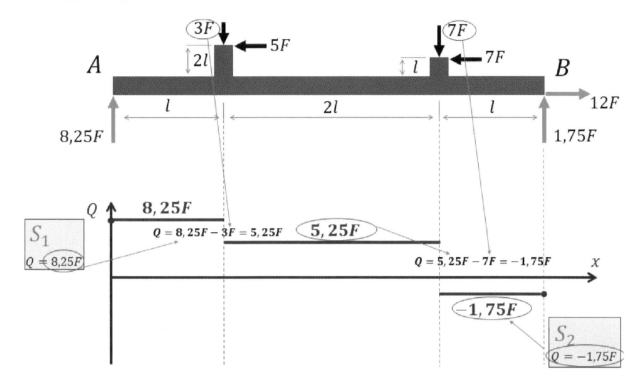

Abb. 5.16

Wenn wir nun das Ergebnis überprüfen möchten (dies ist ebenfalls optional, nicht unbedingt erforderlich), müssen wir den Wert der soeben erhaltenen Querkraft ($-1,75F$) mit dem Kontrollwert vom Schnitt S_2 vergleichen ($-1,75F$). Wie Du siehst, sind beide Werte identisch, was bedeutet, dass unsere Lösung korrekt ist!

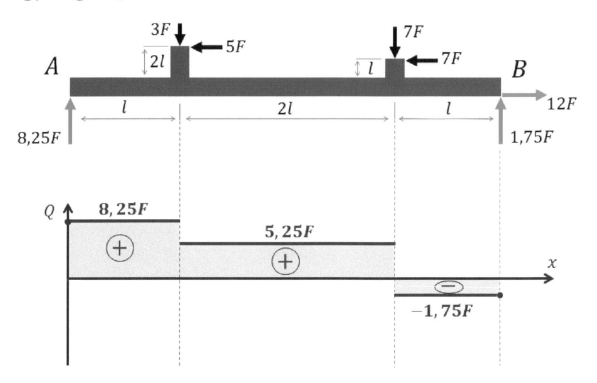

Abb. 5.17

Damit haben wir endlich alle Informationen, die für die Querkraft nicht mehr benötigt werden, aus der Zeichnung entfernt und zusätzlich die Bereiche markiert, in denen die Querkraft positive und negative Werte annimmt.

Jetzt können wir mit dem Biegemoment weitermachen!

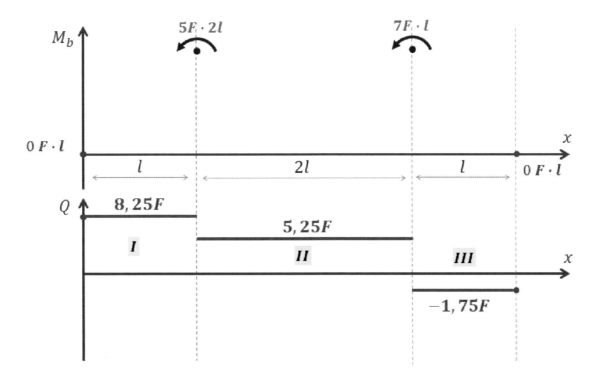

Abb. 5.18

Die mathematische Definition des Biegemoments M_b lautet: $M_b = \int Q \cdot dx + C$. Wenn wir uns nun die Zeichnung für die Querkraft Q ansehen, werden wir in der Lage sein, mehrere Bereiche (*I, II* und *III*) zu identifizieren, wobei in jedem dieser Bereiche die Querkraft Q mit einem bestimmten Wert konstant ist.

Bereich *I*: $Q = 8,25F$

Bereich *II*: $Q = 5,25F$

Bereich *III*: $Q = -1,75F$

Für jeden dieser Bereiche müssen wir die Querkraft Q integrieren, um das Biegemoment M_b zu erhalten. Es gibt einen Unterschied in dieser Aufgabe im Vergleich zu den zuvor gelösten Aufgaben: Es wirken zwei Kräfte in x-Richtung (**5F** und **7F**), die in y-Richtung (**2l** und **l**) einen Hebelarm ungleich Null haben. Dies müssen wir in die Gleichung für das Biegemoment M_b einbeziehen! Um dies nicht zu vergessen, haben wir die **5F · 2l** und **7F · l** Momente in die Zeichnung eingefügt!

Bezeichnung	Symbol	Normalkraft N	Querkraft Q	Biegemoment M_b
freies Ende		0	0	0
Festlager		$\neq 0$	$\neq 0$	0
Loslager		0	$\neq 0$	0

Tabelle. I.d

Werfen wir einen Blick auf die Tabelle oben:

Wenn wir uns entlang des Balkens (siehe Aufgabe) von links nach rechts bewegen, wäre die Ausgangsbedingung für das Biegemoment M_b sein Wert am Loslager, der gemäß der obigen Tabelle $M_b = 0$ ist.

Bewegen wir uns entlang des Balkens (siehe Aufgabe) von rechts nach links, so ist die Ausgangsbedingung für das Biegemoment M_b der Wert am Festlager, der auch gemäß der obigen Tabelle $M_b = 0$ ist.

Ohne Berechnung und nur mit Hilfe der obigen Tabelle kennen wir also bereits zwei Werte des Biegemoments M_b: Am Loslager und am Festlager, und diese Werte sind absolut korrekt!

Diese Werte haben wir bereits in die Zeichnung eingetragen!

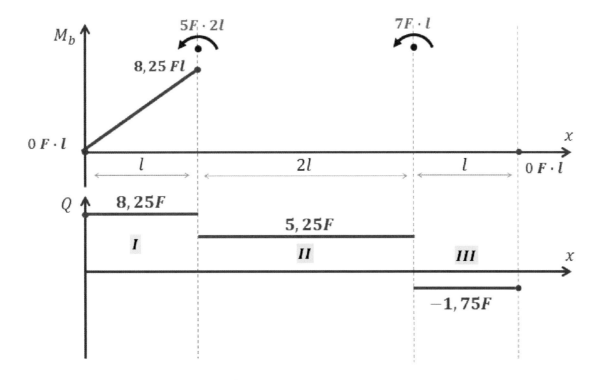

Abb. 5.19

Wir beginnen mit dem Bereich **I**: Hier beträgt die Querkraft $Q = 8,25F$.

Dann:

$$M_b = \int Q \cdot dx + C \qquad (1.38)$$

Wir setzen in diese Gleichung $Q = 8,25F$ sowie $C = C_I = 0$ ein, was entsprechend der **Tabelle I.d** dem Anfangswert des Biegemoments am Loslager $M_b = 0$ entspricht.

$$M_b = \int 8,25F \cdot dx + 0 = 8,25F \cdot x \qquad (5.15)$$

Jetzt müssen wir nur noch den M_b-Wert bei $x = l$ berechnen:

$$M_b(x = l) = 8,25F \cdot l = 8,25Fl \qquad (5.16)$$

Diesen Wert können wir sofort in die Zeichnung eintragen!

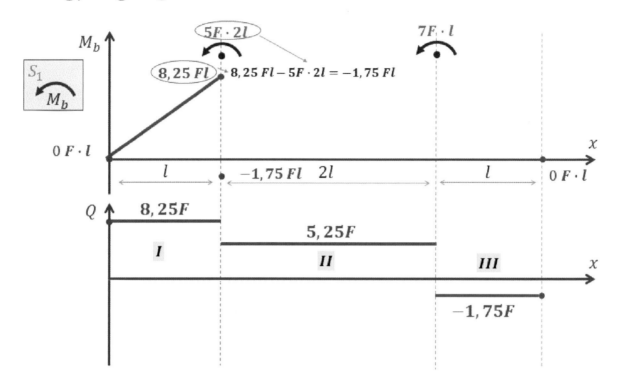

Abb. 5.20

Jetzt müssen wir das Drehmoment $5F \cdot 2l$ einbeziehen: An dem Punkt, an dem das Drehmoment $5F \cdot 2l$ erreicht ist, macht das Biegemoment einen Sprung (Unstetigkeit) von dem aktuellen Wert $M_b = 8,25Fl$ minus dem Wert $5F \cdot 2l$ und wir erhalten den Wert von

$$8,25Fl - 5F \cdot 2l = 8,25Fl - 10Fl = -1,75Fl \tag{5.17}$$

Diesen Wert haben wir sofort in unsere Zeichnung übernommen.

Wichtig: Alle Momente, die sich genau wie das Biegemoment drehen, was für uns entgegen dem Uhrzeigersinn bedeutet, siehe Zeichnung, werden vom aktuellen Wert des Biegemoments abgezogen.

Alle Momente, die sich entgegengesetzt zum Biegemoment drehen, d.h. im Uhrzeigersinn, siehe Zeichnung, werden zum aktuellen Wert des Biegemoments addiert.

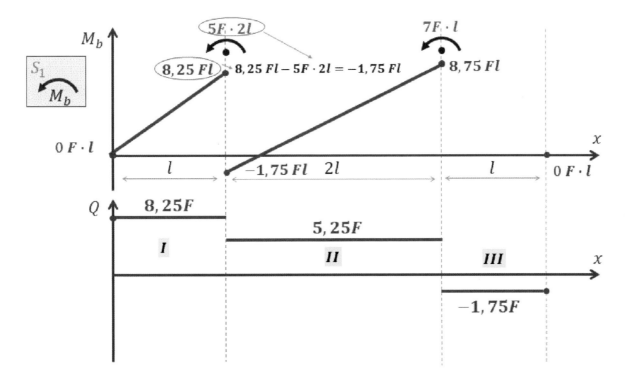

Abb. 5.21

Wir werden mit dem Bereich **II** fortfahren: Hier beträgt die Querkraft $Q = 5,25F$.

Dann:

$$M_b = \int Q \cdot dx + C \qquad (1.38)$$

Wir geben in diese Gleichung $Q = 5,25F$ sowie den Wert für die Integrationskonstante aus der Gleichung (5.17) ein oder den Wert, nachdem das Biegemoment einen diskontinuierlichen Sprung gemacht hat:

$$C = C_{II} = -1,75Fl$$

$$M_b = \int 5,25F \cdot dx - 1,75Fl = 5,25F \cdot x - 1,75Fl \qquad (5.18)$$

Jetzt müssen wir nur noch den M_b-Wert bei $x = 2l$ berechnen:

$$M_b(x = 2l) = 5,25F \cdot 2l - 1,75Fl = 10,5Fl - 1,75Fl = 8,75Fl \qquad (5.19)$$

Diesen Wert können wir sofort in die Zeichnung eintragen!

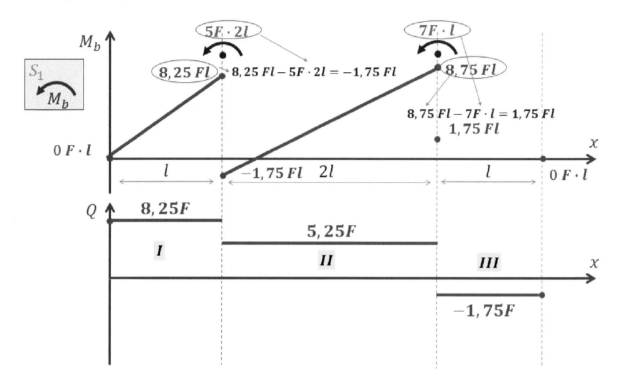

Abb. 5.22

Nun müssen wir das Drehmoment $7F \cdot l$ einbeziehen: An dem Punkt, an dem das Drehmoment $7F \cdot l$ erreicht hat, macht das Biegemoment einen Sprung (Unstetigkeit) von dem aktuellen Wert $M_b = 8,75Fl$ minus dem Wert $7F \cdot l$ und wir erhalten einen Wert von

$$8,75Fl - 7F \cdot l = 8,75Fl - 7Fl = 1,75Fl \qquad (5.20)$$

Diesen Wert haben wir sofort in unsere Zeichnung übernommen.

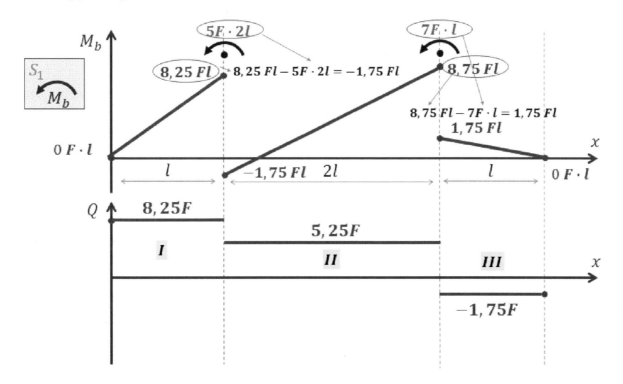

Abb. 5.23

Jetzt können wir also die beiden Werte des Biegemoments $1,75Fl$ und $0\,Fl$ direkt verbinden und die Lösung des Problems abschließen! Oder wir können testen, ob unsere Berechnungen korrekt sind:

Dazu fahren wir mit dem Bereich **III** fort: Hier beträgt die Querkraft $Q = -1,75F$.

Wir geben $Q = -1,75F$ in die Gleichung $M_b = \int Q \cdot dx + C$ ein sowie den Wert für die Integrationskonstante aus der Gleichung (5.20) oder den Wert, nachdem das Biegemoment einen diskontinuierlichen Sprung gemacht hat: $C = C_{III} = 1,75Fl$

$$M_b = \int -1,75F \cdot dx + 1,75Fl = -1,75F \cdot x + 1,75Fl \qquad (5.21)$$

Jetzt müssen wir nur noch den M_b-Wert bei $x = l$ berechnen:

$$M_b(x = l) = -1,75F \cdot l + 1,75Fl = -1,75Fl + 1,75Fl = 0 \qquad (5.22)$$

Damit haben wir den Tabellenwert für das Biegemoment am Festlager $M_b = 0$ erhalten, der zeigt, dass wir richtig gerechnet haben!

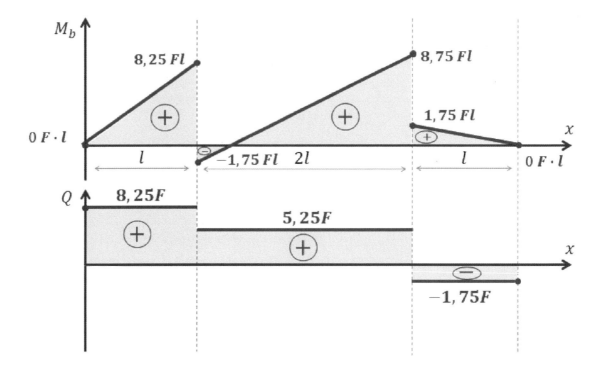

Abb. 5.24

Damit haben wir endlich alle Informationen, die für die Querkraft und das Biegemoment nicht mehr erforderlich sind, aus der Zeichnung entfernt und zusätzlich die Bereiche markiert, in denen die Querkraft und das Biegemoment positive oder negative Werte annehmen.

Nun sind wir wirklich fertig und haben die Aufgabe 5 erfolgreich gelöst ☺

Aufgabe 6

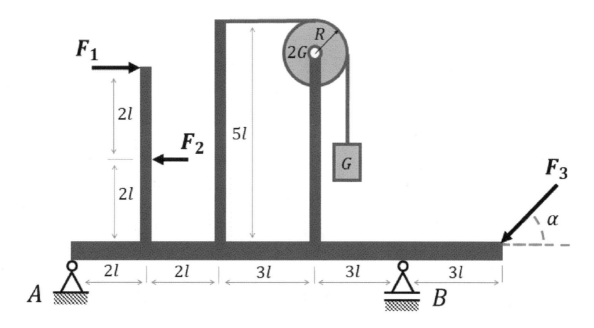

Abb. 6.1

Aufgabe: Auf den Balken in **Abb. 6.1** *wirken drei Kräfte* F_1*,* F_2 *und* F_3 *sowie ein Gewicht* G*, das mit einem Seil über einer Kreisscheibe mit Radius* R *und Gewicht* $2G$ *hängt.*

- *Bestimme die Lagerkräfte,*
- *Bestimme die Verläufe der Normalkraft, der Querkraft und des Biegemoments.*

Gegeben: $F_1 = 4F$, $F_2 = 2F$, $F_3 = 3\sqrt{2}F$, $\alpha = 45°$, $G = 2F$, $R = l$, l.

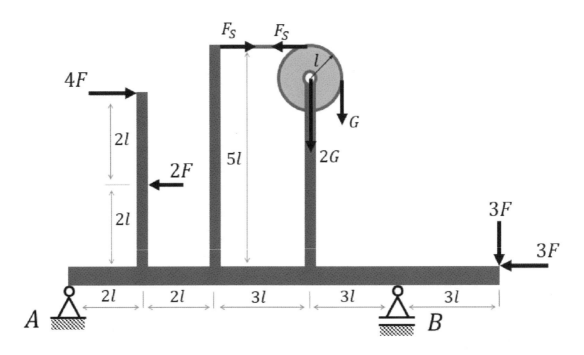

Abb. 6.2

Wie Du sehen kannst, in **Abb. 6.2** haben wir zunächst zwei Seilkräfte F_S definiert, die nach der „actio = reactio" -Regel wirken und sich gegenseitig kompensieren. Tatsächlich benötigen wir die definierten Seilkräfte nur, wenn wir die Normalkraft und das Biegemoment berechnen. Für die Ermittlung der Lagerkräfte ist es nicht erforderlich, die Seilkräfte zu definieren, da sie sich gegenseitig kompensieren. Um sie später nicht zu vergessen, haben wir die Seilkräfte gleich zu Beginn der Problemlösung definiert und können Dir nur wärmstens empfehlen, dasselbe zu tun. Für die Kraft $F_3 = 3\sqrt{2}\,F$ und den Winkel $\alpha = 45°$ können wir einfach die entsprechenden x- und y-Komponenten berechnen und das Ergebnis in die Zeichnung eingeben:

$$F_{3x} = F_3 \cdot \cos 45° = 3\sqrt{2}\,F \cdot \cos 45° = 3F$$

$$F_{3y} = F_3 \cdot \sin 45° = 3\sqrt{2}\,F \cdot \sin 45° = 3F$$

Die angegebenen Kräfte $F_1 = 4F$ und $F_2 = 2F$ haben wir ebenfalls in der Zeichnung angegeben.

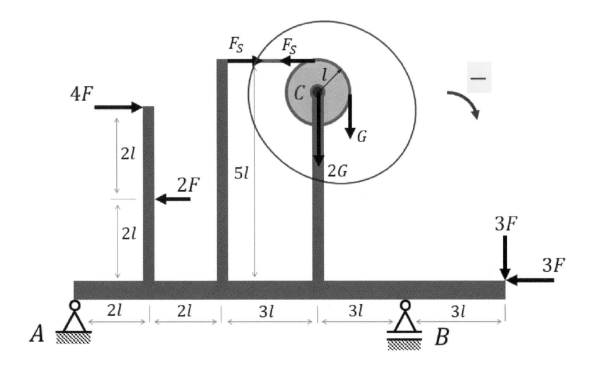

Abb. 6.3

Nun bestimmen wir die Seilkraft F_S: Dazu schreiben wir die Gleichung für die Drehmomente für das in der obigen Zeichnung rot markierte Teilsystem.

Als Bezugspunkt wählen wir den Drehpunkt der Kreisscheibe (Punkt C).

Schließlich haben wir die Drehrichtung im Uhrzeigersinn negativ gewählt.

Dann lautet die Gleichung für die Drehmomente:

$$\sum M^{(C)} = 0 = -G \cdot l + F_S \cdot l \tag{6.1}$$

Und dann ist die Seilkraft:

$$F_S = G \tag{6.2}$$

Mit der gegebenen Information, dass $G = 2F$ ist, können wir $F_S = 2F$ und $2G = 4F$ berechnen und die Ergebnisse in die Zeichnung eingeben.

Jetzt können wir mit der Ermittlung der Lagerkräfte beginnen!

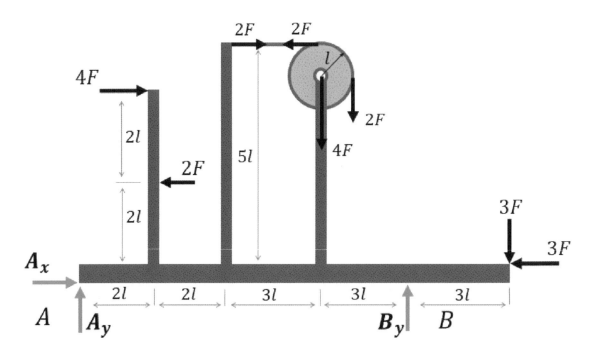

Abb. 6.4

Dann haben wir die Kräfte A_x and A_y für das Festlager und die Kraft B_y für das Loslager definiert.

Nun erstellen wir drei Gleichgewichtsgleichungen: Für die Kräfte in x-Richtung, in y-Richtung und eine Gleichung für die Drehmomente. Hier sind die ersten beiden:

$$\sum F_{ix} = 0 = A_x + 4F - 2F + 2F - 2F - 3F = A_x - F \qquad (6.3)$$

$$\rightarrow A_x = F \qquad (6.4)$$

$$\sum F_{iy} = 0 = A_y - 4F - 2F + B_y - 3F = A_y - 9F + B_y \qquad (6.5)$$

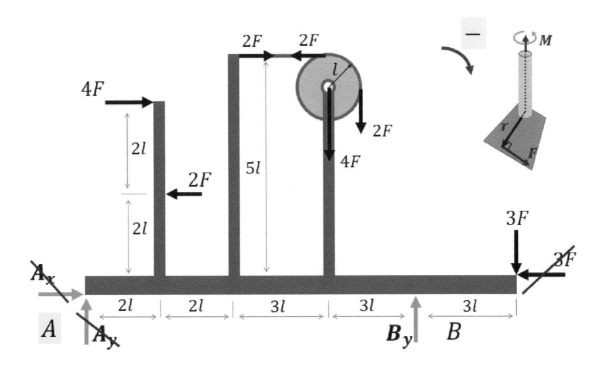

Abb. 6.5

Jetzt können wir die Gleichung für die Drehmomente bestimmen. Wir definieren den Bezugspunkt im Festlager (Punkt **A**) und vervollständigen mit der resultierenden Gleichung das lineare Gleichungssystem zur Berechnung der Lagerkräfte. Wir haben zusätzlich entschieden, dass die Drehung im Uhrzeigersinn negativ ist, wie in der obigen Zeichnung gezeigt.

Um dieses Problem zu lösen, müssen wir die Theorie wiederholen: Das Drehmoment ist das Rotationsäquivalent der linearen Kraft. Es kann nach folgender Gleichung erhalten werden: $M = r \cdot F$ (1.4)

Hier ist r der Abstand vom **Bezugspunkt** zur einwirkenden Kraft. F ist die **senkrecht** zum Hebelarm r gerichtete Kraft. Eine zum Hebelarm r parallel gerichtete Kraft erzeugt kein Drehmoment.

Sehr gut verstehen, was hier passiert!

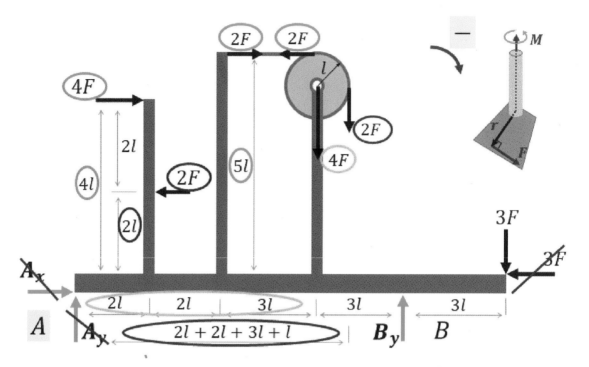

Abb. 6.6

Nun können wir die Gleichung für die Drehmomente bestimmen: Hier haben wir mit Ausnahme der Kraft B_y und der Kraft $3F$ (die am freien Ende rechts in y-Richtung wirkt) alle anderen einwirkenden Kräfte und die entsprechenden Hebelarme farblich markiert.

Also, nach allen zuvor diskutierten Regeln (siehe Aufgabe 1):

$$\sum M^{(A)} = 0 = -\,4F \cdot 4l + 2F \cdot 2l - 2F \cdot 5l + 2F \cdot 5l - 4F \cdot 7l - 2F \cdot 8l + B_y \cdot 10l - 3F \cdot 13l$$

Wie Du hier sehen kannst, war es nicht erforderlich, die Beiträge der Seilkraft aufzuschreiben, da sie sich gegenseitig kompensieren: $-2F \cdot 5l + 2F \cdot 5l = 0$. Wir haben aber gleich zu Beginn der Lösung damit begonnen, die Seilkräfte zu bestimmen, um sie später nicht zu vergessen, wenn sie wirklich gebraucht werden!

Also:

$$\sum M^{(A)} = 0 = -95F \cdot l + B_y \cdot 10l \tag{6.6}$$

$$\sum F_{ix} = 0 = A_x + 4F - 2F + 2F - 2F - 3F = A_x - F \tag{6.3}$$

$$\sum F_{iy} = 0 = A_y - 4F - 2F + B_y - 3F = A_y - 9F + B_y \tag{6.5}$$

$$\sum M^{(A)} = 0 = -95F \cdot l + B_y \cdot 10l \tag{6.6}$$

Wir haben also drei Gleichungen ((6.3), (6.5) und (6.6)) mit drei Unbekannten A_x, A_y, und B_y erhalten: Das heißt, das lineare Gleichungssystem ist lösbar!

Das Lösen eines linearen Gleichungssystems kann auf verschiedene Arten erfolgen. Wir werden hier die Intuitivste verfolgen. Wir haben zuvor erhalten, dass die Gleichung (6.3) ergibt:

$$A_x = F \tag{6.4}$$

Nun liefert die Gleichung (6.6) den Wert von B_y:

$$B_y = \frac{95F \cdot l}{10l} = 9,5F \tag{6.7}$$

Damit liefert die Gleichung (6.5) schließlich den Wert von A_y:

$$A_y = 9F - B_y = 9F - 9,5F = -0,5F \tag{6.8}$$

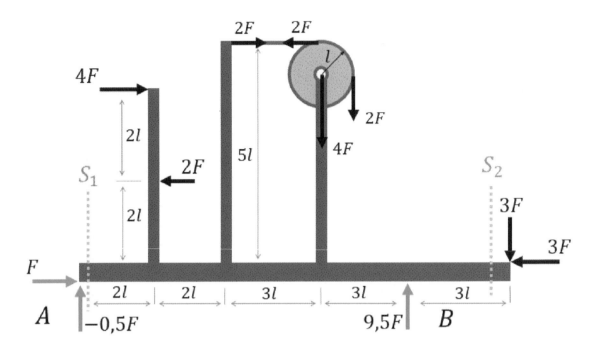

Abb. 6.7

Unser nächster Lösungsschritt besteht darin, die Normalkraft N, die Querkraft Q und das Biegemoment M_b zu bestimmen und grafisch darzustellen. Dazu haben wir die Werte der Lagerkräfte in die Zeichnung eingetragen. Wir werden wieder die einfachste Lösungsmöglichkeit wählen: Für diese Lösungsmöglichkeit werden wir grundsätzlich nur zwei Schnitte benötigen.

Der obligatorische Schnitt S_1 erfolgt direkt nach dem Festlager, um die Anfangswerte der Normalkraft N und der Querkraft Q zu erhalten. Um die Kontrollwerte der Normalkraft N und der Querkraft Q zu erhalten, werden wir einen nicht obligatorischen Schnitt S_2 direkt vor dem freien Ende machen.

Schließlich erhalten wir durch Integration der Querkraft Q das Biegemoment M_b.

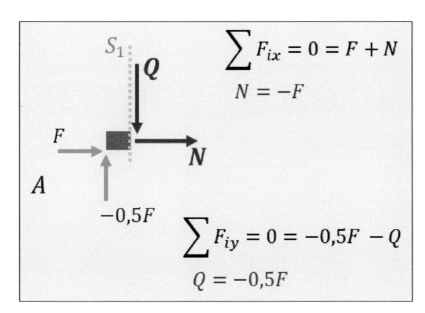
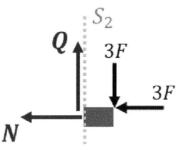

Abb. 6.8

Zunächst werden die Gleichgewichtsgleichungen für die Normal- und Querkräfte für den Schnitt S_1 ermittelt:

$$\sum F_{ix} = 0 = F + N \qquad (6.9)$$

$$N = -F \qquad (6.10)$$

$$\sum F_{iy} = 0 = -0,5F - Q \qquad (6.11)$$

$$Q = -0,5F \qquad (6.12)$$

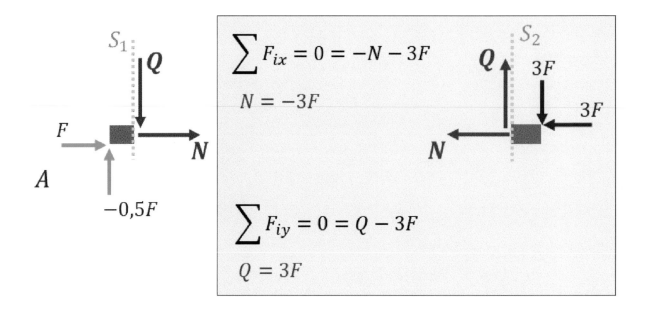

Abb. 6.9

Nun können wir weiter vorgehen und die Kontrollwerte oder Gleichgewichtsgleichungen für die Normal- und Querkräfte für den Schnitt S_2 bestimmen:

$$\sum F_{ix} = 0 = -N - 3F \qquad\qquad (6.13)$$

$$N = -3F \qquad\qquad (6.14)$$

$$\sum F_{iy} = 0 = Q - 3F \qquad\qquad (6.15)$$

$$Q = 3F \qquad\qquad (6.16)$$

Für uns ist klar, dass die Tabellenwerte für die Normal- und Querkräfte am freien Ende gleich Null sind (frei in dem Sinne, dass es kein Lager gibt). Dies geschieht auch hier.

Der Endwert der Normalkraft $N = -3F$ wird mit der am freien Ende in x-Richtung wirkenden Kraft $3F$ kompensiert: Dann $-(-3F) - 3F = 3F - 3F = 0$.

Der Endwert der Querkraft $Q = 3F$ wird mit der Kraft $3F$ kompensiert, die direkt am freien Ende in y-Richtung wirkt: Dann $3F - 3F = 0$.

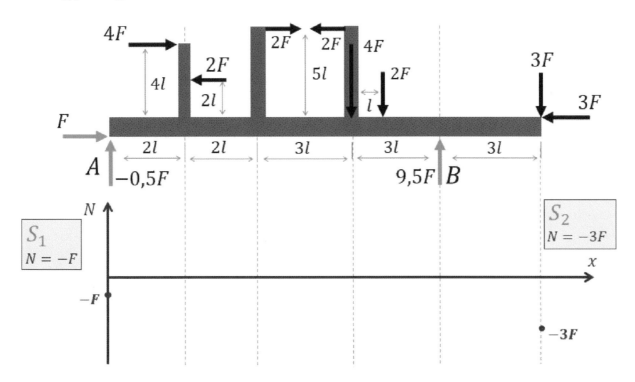

Abb. 6.10

Um die Zeichnung wieder an die reservierte Stelle anzupassen, haben wir den Balken etwas in y-Richtung skaliert. Dies bedeutet natürlich nicht, dass sich die Bedingungen in der Aufgabe geändert haben!

Wir beginnen also mit der Normalkraft N.

Nach Gleichung (6.10) und nach Gleichung (6.14) beträgt der Anfangswert der Normalkraft $N = -F$ sowie der Kontrollwert $N = -3F$.

Dieses Ergebnis haben wir in die Zeichnung eingegeben.

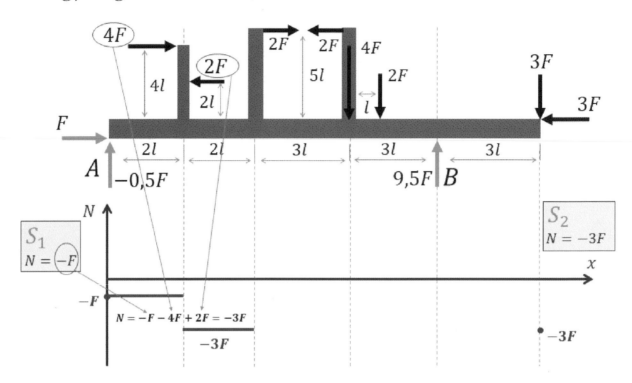

Abb. 6.11

Die Normalkraft behält den Wert $N = -F$ bei, bis die ersten in x-Richtung wirkenden Kräfte erreicht sind (**4F** and **2F**).

An dem Punkt, an dem die Kräfte **4F** und **2F** erreicht sind, macht die Normalkraft einen Sprung (Unstetigkeit) von dem Anfangswert $N = -F$ minus dem Kraftwert **4F** und plus dem Kraftwert **2F** und wir erhalten den Wert von $-F - 4F + 2F = -3F$.

Diesen Wert haben wir sofort in unsere Zeichnung übernommen.

Wichtig: Alle Kräfte, die genau wie die Normalkraft N in x-Richtung wirken, was für uns von links nach rechts bedeutet, werden vom aktuellen Wert der Normalkraft N subtrahiert.

Alle Kräfte, die in x-Richtung entgegengesetzt zur Normalkraft N wirken, was für uns von rechts nach links bedeutet, werden zum aktuellen Wert der Normalkraft N addiert.

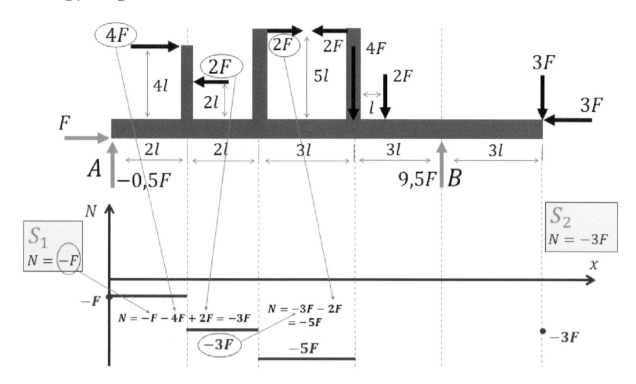

Abb. 6.12

Jetzt nähern wir uns den Seilkräften. Wie bereits gesagt, sind sie jetzt sowohl für die Berechnung der Normalkraft als auch für die Berechnung des Biegemoments von Bedeutung.

Die Normalkraft behält den Wert $N = -3F$ bei, bis die weitere in x-Richtung wirkende Seilkraft erreicht ist ($2F$).

An dem Punkt, an dem die Seilkraft $2F$ erreicht ist, macht die Normalkraft einen Sprung (Unstetigkeit) von dem Anfangswert $N = -3F$ minus dem Seilkraftwert $2F$ und erhält den Wert $-3F - 2F = -5F$.

Diesen Wert haben wir sofort in unsere Zeichnung übernommen.

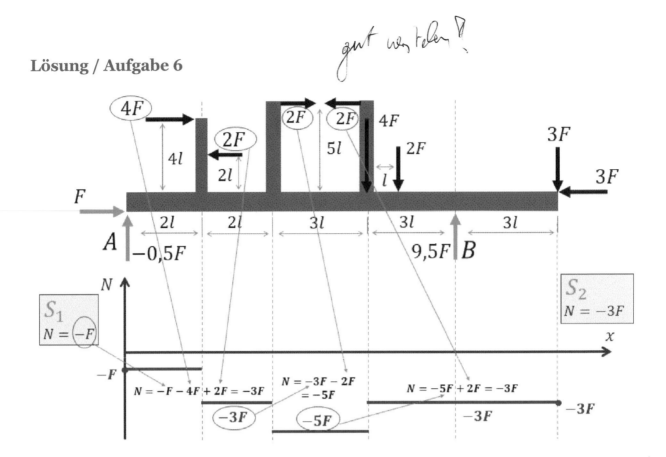

Abb. 6.13

Wir machen weiter: Die Normalkraft behält den Wert $N = -5F$ bei, bis die nächste in x-Richtung wirkende Seilkraft erreicht ist ($2F$).

An dem Punkt, an dem die nächste Seilkraft $2F$ erreicht ist, macht die Normalkraft einen Sprung (Unstetigkeit) von dem Anfangswert $N = -5F$ plus dem Seilkraftwert $2F$ und erhält den Wert $-5F + 2F = -3F$.

Diesen Wert haben wir sofort in unsere Zeichnung übernommen.

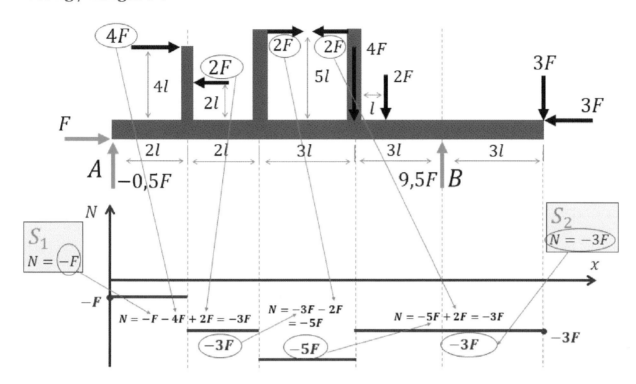

Abb. 6.14

Wenn wir nun das Ergebnis überprüfen möchten (dies ist ebenfalls optional, nicht unbedingt erforderlich), müssen wir den Wert der soeben erhaltenen Normalkraft ($N = -3F$) mit dem Kontrollwert aus dem Schnitt S_2 ($N = -3F$) vergleichen). Wie Du siehst, sind beide Werte identisch, was bedeutet, dass unsere Lösung soweit korrekt ist!

Für uns ist klar, dass die Tabellenwerte für die Normal- und Querkräfte am freien Ende gleich Null sind (frei in dem Sinne, dass es kein Lager gibt). Dies ist auch in unserem Fall der Fall: Der Endwert der Normalkraft $N = -3F$ wird mit der Kraft $3F$ kompensiert, die am freien Ende in x-Richtung wirkt: Dann: $-(-3F) - 3F = 3F - 3F = 0$. Das beweist, dass wir die Tabellenwerte für das freie Ende erhalten haben und dass unsere Berechnungen korrekt sind!

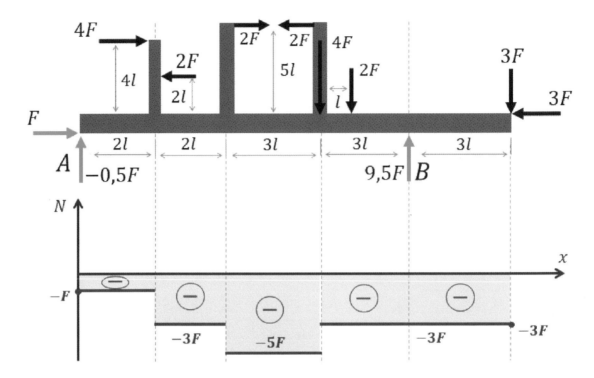

Abb. 6.15

Damit haben wir endlich alle Informationen, die für die Normalkraft nicht mehr notwendig sind, aus der Zeichnung entfernt und zusätzlich die Bereiche markiert, in denen die Normalkraft negative Werte annimmt.

Jetzt können wir mit der Querkraft weitermachen!

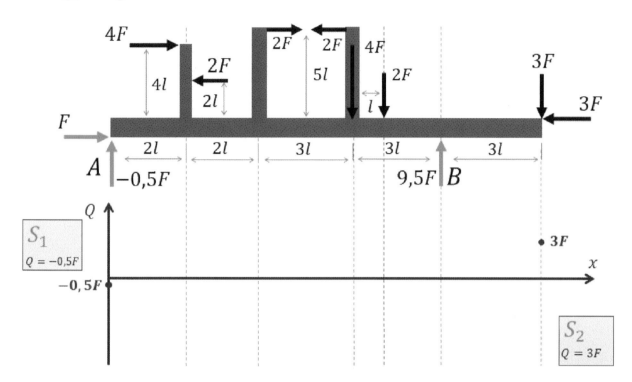

Abb. 6.16

Gemäß der Gleichung (6.12) können wir in die Zeichnung den Anfangswert der Querkraft $Q = -0,5F$ sowie den Kontrollwert $Q = 3F$ gemäß der Gleichung (6.16) einfügen.

Für die Querkraft Q werden wir nur die in y-Richtung wirkenden Kräfte berücksichtigen, da die Querkraft Q auch in y-Richtung wirkt.

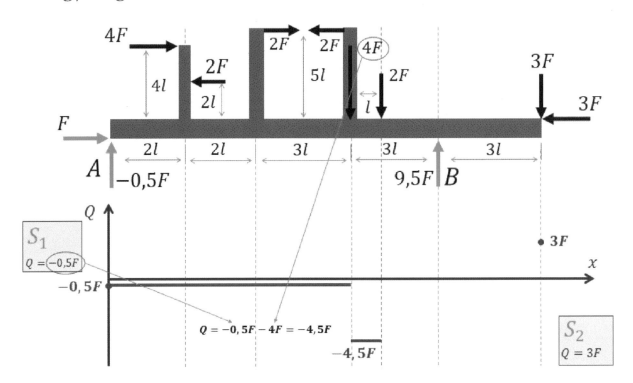

Abb. 6.17

Die Querkraft behält den Wert $Q = -0,5F$ bei, bis die erste in y-Richtung wirkende Kraft erreicht ist ($4F$).

An dem Punkt, an dem die Kraft $4F$ erreicht ist, macht die Querkraft einen Sprung (Unstetigkeit) von dem Anfangswert $Q = -0,5F$ minus dem Kraftwert $4F$ und wir erhalten einen Wert von $-0,5F - 4F = -4,5F$.

Diesen Wert haben wir sofort in unsere Zeichnung übernommen.

Wichtig: Alle Kräfte, die genau wie die Querkraft Q in y-Richtung wirken, was für uns nach unten bedeutet, werden vom aktuellen Wert der Querkraft Q subtrahiert.

Alle Kräfte, die in y-Richtung entgegengesetzt zur Querkraft Q wirken, was für uns nach oben bedeutet, werden zum aktuellen Wert der Querkraft Q addiert.

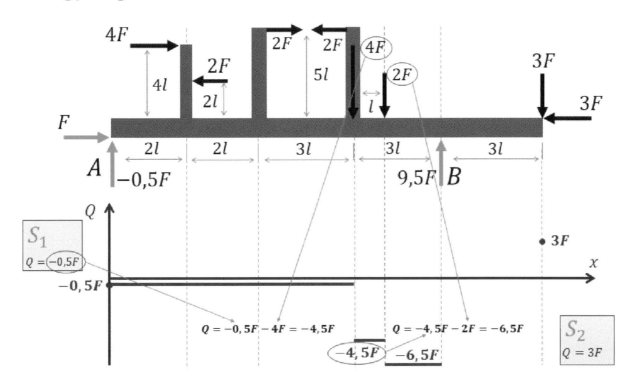

Abb. 6.18

Die Querkraft behält den aktuellen Wert $Q = -4,5F$ bei, bis die nächste in y-Richtung wirkende Kraft erreicht ist ($2F$).

An dem Punkt, an dem die Kraft $2F$ erreicht ist, macht die Querkraft einen Sprung (Unstetigkeit) von dem Anfangswert $Q = -4,5F$ minus dem Kraftwert $2F$ und wir erhalten einen Wert von $-4,5F - 2F = -6,5F$.

Diesen Wert haben wir sofort in unsere Zeichnung übernommen.

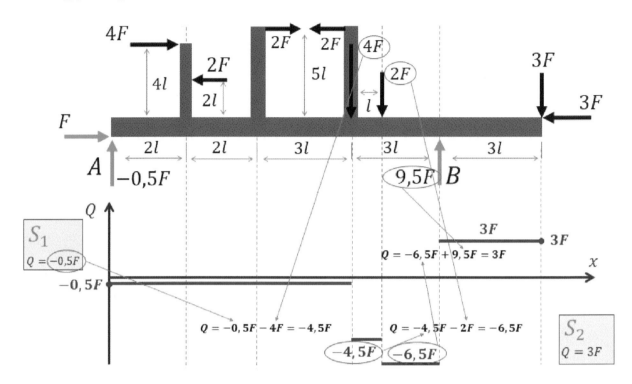

Abb. 6.19

Die Querkraft behält den aktuellen Wert $Q = -6,5F$ bei, bis die nächste in y-Richtung wirkende Kraft erreicht ist: Loslagerkraft ($9,5F$).

An dem Punkt, an dem die Kraft $9,5F$ erreicht ist, macht die Querkraft einen Sprung (Unstetigkeit) von dem Anfangswert $Q = -6,5F$ plus dem Kraftwert $9,5F$ und wir erhalten einen Wert von $-6,5F + 9F = 3F$.

Diesen Wert haben wir sofort in unsere Zeichnung übernommen.

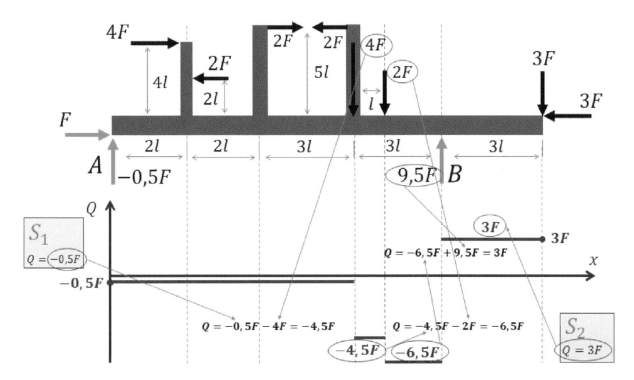

Abb. 6.20

Wenn wir nun das Ergebnis überprüfen möchten (dies ist ebenfalls optional, nicht unbedingt erforderlich), müssen wir den Wert der soeben erhaltenen Querkraft ($Q = 3F$) mit dem Kontrollwert aus dem Abschnitt S_2 ($Q = 3F$) vergleichen. Wie Du siehst, sind beide Werte identisch, was bedeutet, dass unsere Lösung korrekt ist!

Auch hier ist klar, dass die Tabellenwerte für die Normal- und Querkräfte am freien Ende gleich Null sind (frei in dem Sinne, dass es kein Lager gibt). Dies geschieht auch in unserem Fall.

Der Endwert der Querkraft $Q = 3F$ wird mit der Kraft $3F$ kompensiert, die direkt am freien Ende in y-Richtung wirkt: dann $3F - 3F = 0$.

Das beweist, dass wir die Tabellenwerte für das freie Ende erhalten haben und dass unsere Berechnungen korrekt sind!

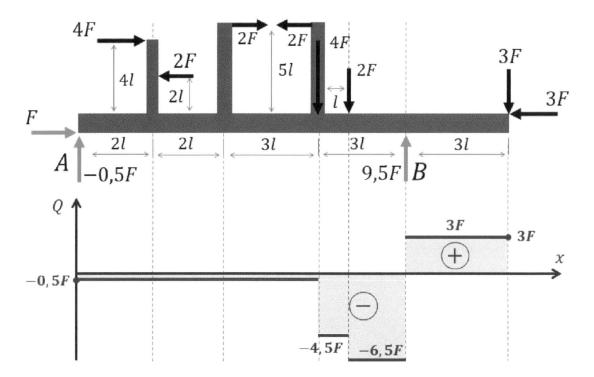

Abb. 6.21

Damit haben wir endlich alle Informationen, die für die Querkraft nicht mehr benötigt werden, aus der Zeichnung entfernt und zusätzlich die Bereiche markiert, in denen die Querkraft positive und negative Werte annimmt.

Jetzt können wir mit dem Biegemoment weitermachen!

Lösung / Aufgabe 6

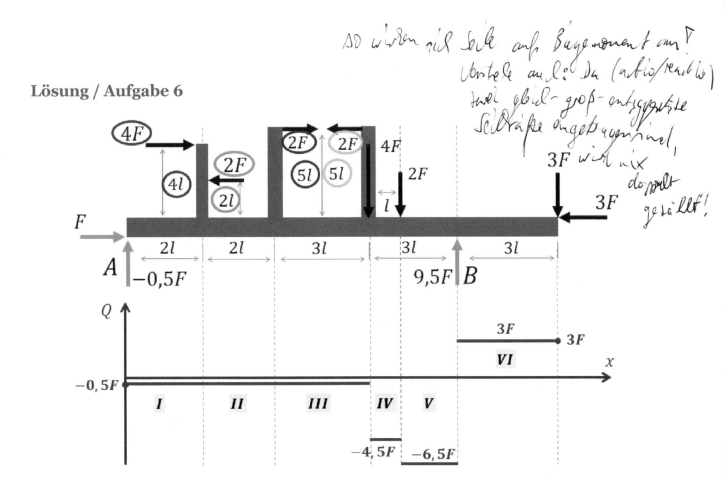

Abb. 6.22

Die mathematische Definition des Biegemoments M_b lautet: $M_b = \int Q \cdot dx + C$. Wenn wir nun einen Blick auf die Zeichnung für die Querkraft Q werfen, werden wir in der Lage sein, mehrere Bereiche (*I*, *II*, *III*, *IV*, *V* und *VI*) zu identifizieren, wobei in jedem dieser Bereiche die Querkraft Q konstant ist ein bestimmter Wert.

Bereiche *I*, *II*, und *III*: $\quad Q = -0,5F$	Bereich *IV*: $\quad Q = -4,5F$
Bereich *V*: $\quad Q = -6,5F$	Bereich *VI*: $\quad Q = 3F$

Für jeden dieser Bereiche müssen wir die Querkraft Q integrieren, um das Biegemoment M_b zu erhalten. Zu beachten ist, dass in x-Richtung (siehe Zeichnung oben) mehrere Kräfte wirken, die in y-Richtung einen Hebelarm ungleich Null haben. Diese Information müssen wir in die Gleichung für das Biegemoment M_b aufnehmen! Um dies nicht zu vergessen, haben wir die Momente $4F \cdot 4l$, $2F \cdot 2l$, $2F \cdot 5l$ und nochmals $2F \cdot 5l$ in der Zeichnung angegeben!

245

Bezeichnung	Symbol	Normalkraft N	Querkraft Q	Biegemoment M_b
freies Ende		0	0	0
Festlager		$\neq 0$	$\neq 0$	0
Loslager		0	$\neq 0$	0

Tabelle. I.d

Schauen wir uns zusätzlich die Tabelle oben an:

Wenn wir uns entlang des Balkens (siehe Aufgabe) von links nach rechts bewegen, wäre die Ausgangsbedingung für das Biegemoment M_b sein Wert am Festlager, der gemäß der obigen Tabelle $M_b = 0$ ist.

Bewegen wir uns entlang des Balkens (siehe Aufgabe) von rechts nach links, so wäre die Ausgangsbedingung für das Biegemoment M_b sein Wert am freien Ende (frei in dem Sinne, dass es keine Lager gibt), der dem entspricht Tabelle über $M_b = 0$ auch.

Ohne Berechnung und nur mit Hilfe der obigen Tabelle kennen wir also bereits zwei Werte des Biegemoments M_b: Am Festlager und am freien Ende, und diese Werte sind absolut korrekt!

Diese Werte fügen wir auch in die Zeichnung ein!

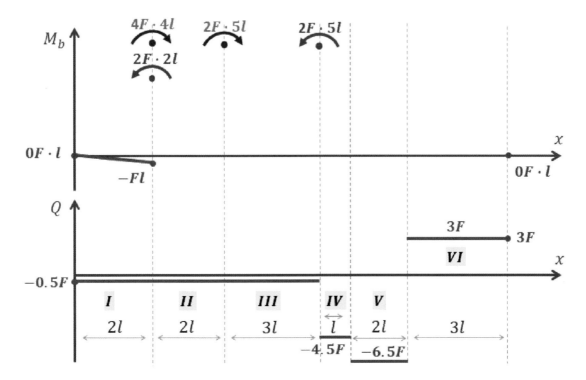

Abb. 6.23

Wir beginnen mit dem Bereich **I**: Hier beträgt die Querkraft $Q = -0,5F$.

Dann:

$$M_b = \int Q \cdot dx + C \tag{1.38}$$

Wir setzen in diese Gleichung $Q = -0,5F$ sowie $C = C_I = 0$ ein, was entsprechend der **Tabelle I.d** dem Anfangswert des Biegemoments am Festlager $M_b = 0$ entspricht.

$$M_b = \int -0,5F \cdot dx + 0 = -0,5F \cdot x \tag{6.17}$$

Jetzt müssen wir nur noch den M_b-Wert bei $x = 2l$ berechnen:

$$M_b(x = 2l) = -0,5F \cdot 2l = -F \cdot l \tag{6.18}$$

Diesen Wert können wir sofort in die Zeichnung eintragen!

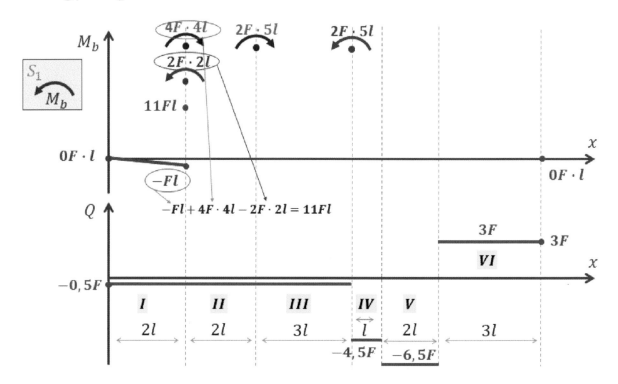

Abb. 6.24

Jetzt müssen wir die Drehmomente $4F \cdot 4l$ und $2F \cdot 2l$ einbeziehen (beide in der obigen Zeichnung markiert). Zu dem Zeitpunkt, an dem die Momente $4F \cdot 4l$ und $2F \cdot 2l$ erreicht sind, macht das Biegemoment einen Sprung (Unstetigkeit) aus dem aktuellen Wert $M_b = -Fl$ plus dem Wert $4F \cdot 4l$ und minus dem Wert $2F \cdot 2l$ und wir erhalten einen Wert von

$$-Fl + 4F \cdot 4l - 2F \cdot 2l = -Fl + 16Fl - 4Fl = 11Fl \tag{6.16}$$

Diesen Wert haben wir sofort in unsere Zeichnung übernommen.

Wichtig: Alle Momente, die sich genau wie das Biegemoment drehen, was für uns entgegen dem Uhrzeigersinn bedeutet, siehe Zeichnung, werden vom aktuellen Wert des Biegemoments abgezogen.

Alle Momente, die sich entgegengesetzt zum Biegemoment drehen, d.h. im Uhrzeigersinn, siehe Zeichnung, werden zum aktuellen Wert des Biegemoments addiert.

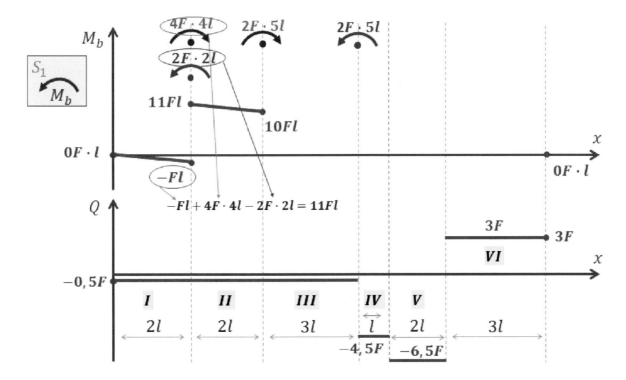

Abb. 6.25

Wir werden mit dem Bereich **II** fortfahren: Hier beträgt die Querkraft $Q = -0,5F$.

Dann gilt mit $M_b = \int Q \cdot dx + C$: Wir geben in diese Gleichung $Q = -0,5F$ sowie den Wert für die Integrationskonstante aus der Gleichung (6.16) oder den Wert nach dem das Biegemoment einen diskontinuierlicher Sprung gemacht hat:

$$C = C_{II} = 11Fl$$

$$M_b = \int -0,5F \cdot dx + 11Fl = -0,5F \cdot x + 11Fl \tag{6.17}$$

Jetzt müssen wir nur noch den M_b-Wert bei $x = 2l$ berechnen:

$$M_b(x = 2l) = -0,5F \cdot 2l + 11Fl = -Fl + 11Fl = 10Fl \tag{6.18}$$

Diesen Wert können wir sofort in die Zeichnung eintragen!

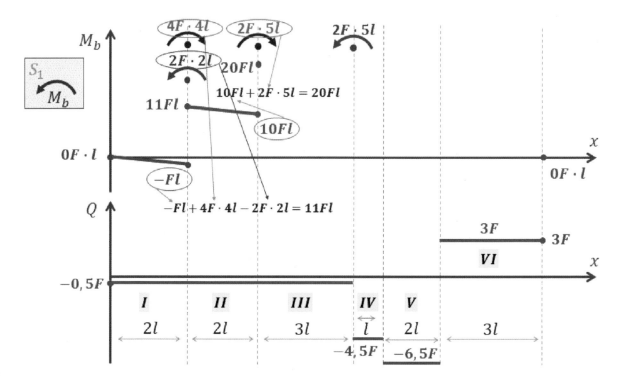

Abb. 6.26

Nun müssen wir das Drehmoment **2F · 5l** einbeziehen: Wenn das Drehmoment **2F · 5l** erreicht ist, macht das Biegemoment einen Sprung (Unstetigkeit) aus dem aktuellen Wert $M_b = 10Fl$ plus dem Wert **2F · 5l** und wir erhalten den Wert von

$$10Fl + 2F \cdot 5l = 10Fl + 10Fl = 20Fl \qquad (6.19)$$

Diesen Wert haben wir sofort in unsere Zeichnung übernommen.

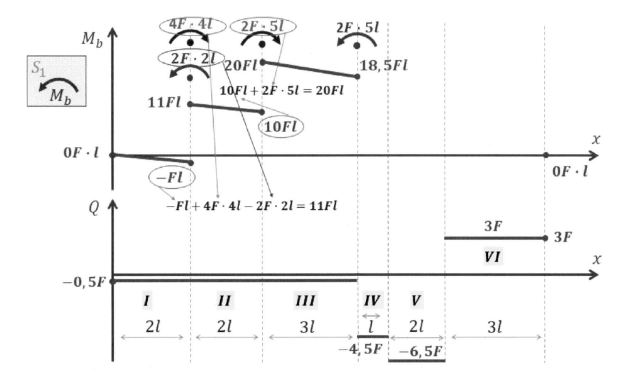

Abb. 6.27

Nun geht es weiter mit dem Bereich **III**: Hier beträgt die Querkraft wieder $Q = -0,5F$.

Dann gilt mit $M_b = \int Q \cdot dx + C$: Wir geben in diese Gleichung $Q = -0,5F$ sowie den Wert für die Integrationskonstante aus der Gleichung (6.19) oder den Wert nach dem das Biegemoment ein diskontinuierlichen Sprung gemacht hat:

$$C = C_{III} = 20Fl$$

$$M_b = \int -0,5F \cdot dx + 20Fl = -0,5F \cdot x + 20Fl \qquad (6.20)$$

Jetzt müssen wir nur noch den M_b-Wert bei $x = 3l$ berechnen:

$$M_b(x = 3l) = -0,5F \cdot 3l + 20Fl = -1,5Fl + 20Fl = 18,5Fl \qquad (6.21)$$

Diesen Wert können wir sofort in die Zeichnung eintragen!

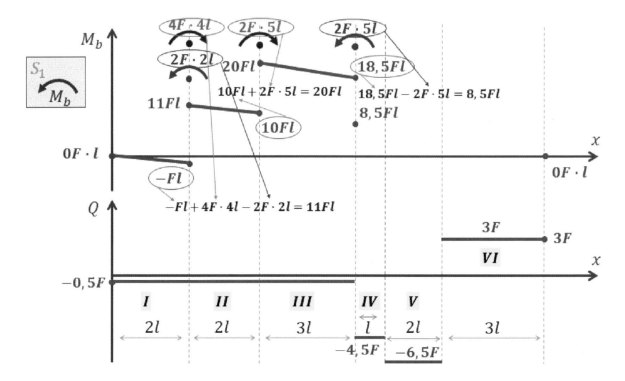

Abb. 6.28

Jetzt müssen wir das Drehmoment $2F \cdot 5l$ einbeziehen: Wenn das Drehmoment $2F \cdot 5l$ erreicht ist, macht das Biegemoment einen Schritt (Unstetigkeit) von dem aktuellen Wert $M_b = 18,5Fl$ minus dem Wert $2F \cdot 5l$ und wir erhalten einen Wert von

$$18,5Fl - 2F \cdot 5l = 18,5Fl - 10Fl = 8,5Fl \tag{6.22}$$

Diesen Wert haben wir sofort wieder in unsere Zeichnung übernommen!

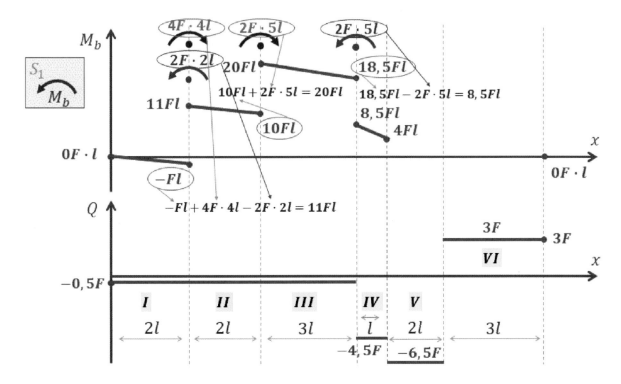

Abb. 6.29

Wir machen weiter: Im Bereich **IV** beträgt die Querkraft $Q = -4,5F$.

Dann geben wir mit $M_b = \int Q \cdot dx + C$ in diese Gleichung $Q = -4,5F$ sowie den Wert für die Integrationskonstante aus der Gleichung (6.22) oder den Wert nach dem erfolgten diskontinuierlichen Sprung des Biegemoments ein:

$$C = C_{IV} = 8,5Fl$$

$$M_b = \int -4,5F \cdot dx + 8,5Fl = -4,5F \cdot x + 8,5Fl \qquad (6.23)$$

Jetzt müssen wir nur noch den M_b-Wert bei $x = l$ berechnen:

$$M_b(x = l) = -4,5F \cdot l + 8,5Fl = -4,5Fl + 8,5Fl = 4Fl \qquad (6.24)$$

Diesen Wert können wir sofort in die Zeichnung eintragen!

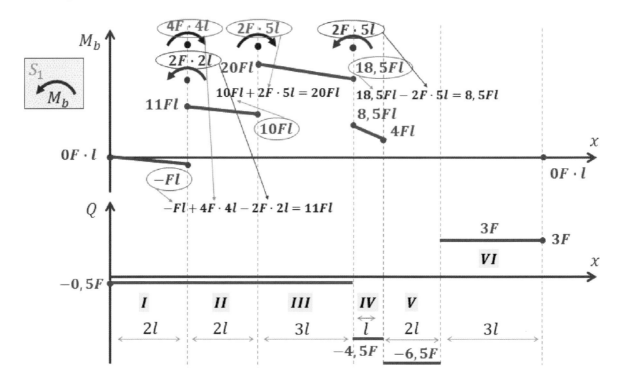

Abb. 6.29

Nächster Schritt: Im Bereich **V** beträgt die Querkraft $Q = -6,5F$.

Dann gilt mit $M_b = \int Q \cdot dx + C$: Wir geben in diese Gleichung $Q = -6,5F$ sowie den Wert für die Integrationskonstante aus der Gleichung (6.24) oder den Wert nach dem erfolgten diskontinuierlichen Sprung des Biegemoments ein:

$$C = C_V = 4Fl$$

$$M_b = \int -6,5F \cdot dx + 4Fl = -6,5F \cdot x + 4Fl \qquad (6.25)$$

Jetzt müssen wir nur noch den M_b-Wert bei $x = 2l$ berechnen:

$$M_b(x = 2l) = -6,5F \cdot 2l + 4Fl = -13Fl + 4Fl = -9Fl \qquad (6.26)$$

Diesen Wert können wir sofort in die Zeichnung eintragen!

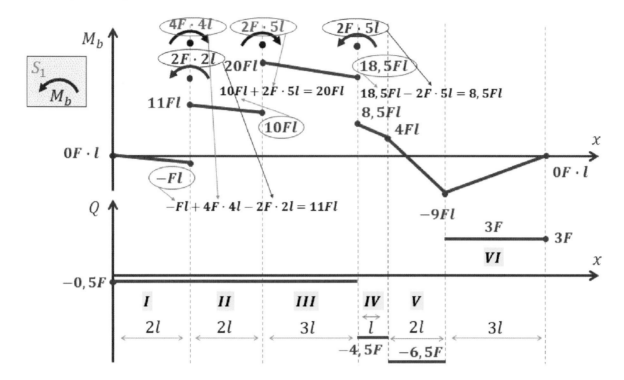

Abb. 6.30

Fast da: Jetzt können wir die beiden Werte des Biegemoments $-9Fl$ und $0\,Fl$ direkt verbinden und die Lösung des Problems abschließen! Oder wir können erneut testen, ob unsere Berechnungen korrekt sind:

Dazu fahren wir mit dem Bereich **VI** fort: Hier beträgt die Querkraft $Q = 3F$.

Wir geben $Q = 3F$ in die Gleichung $M_b = \int Q \cdot dx + C$ ein sowie den Wert für die Integrationskonstante aus der Gleichung (6.26) oder den Wert, nachdem das Biegemoment einen diskontinuierlichen Schritt gemacht hat: $C = C_{VI} = -9Fl$

$$M_b = \int 3F \cdot dx - 9Fl = 3F \cdot x - 9Fl \qquad (6.27)$$

Jetzt müssen wir nur noch den M_b-Wert bei $x = 3l$ berechnen:

$$M_b(x = 3l) = 3F \cdot 3l - 9Fl = 9Fl - 9Fl = 0 \qquad (6.28)$$

Damit haben wir den Tabellenwert für das Biegemoment am freien Ende $M_b = 0$ erhalten, der die Richtigkeit der Berechnungen belegt!

Lösung / Aufgabe 6

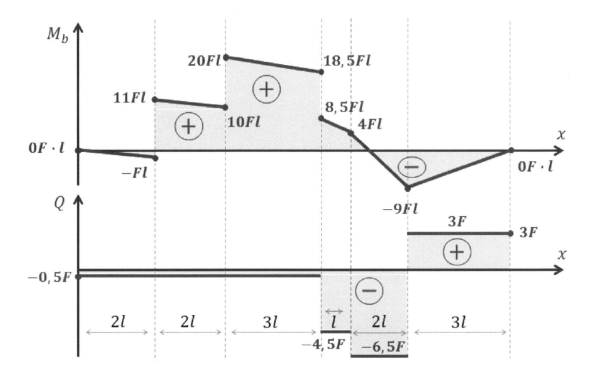

Abb. 6.31

Damit haben wir endlich alle Informationen, die für die Querkraft und das Biegemoment nicht mehr erforderlich sind, aus der Zeichnung entfernt und zusätzlich die Bereiche markiert, in denen die Querkraft und das Biegemoment positive oder negative Werte annehmen.

Nun sind wir wirklich fertig und haben die Aufgabe 6 erfolgreich gelöst ☺

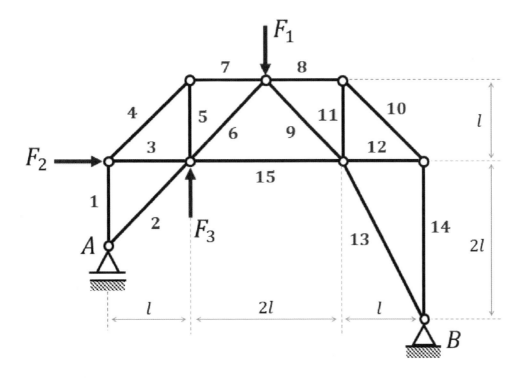

Abb. 7.1

*Aufgabe: Auf das ebene Stabwerk in **Abb. 7.1**, bestehend aus 15 durch Gelenke verbundenen Stäben, wirken drei Kräfte F_1, F_2 und F_3.*

- *Bestimme die Lagerkräfte,*
- *Bestimme alle 15 Stabkräfte.*

Gegeben: $F_1 = 3F$, $F_2 = 2F$, $F_3 = F$, l.

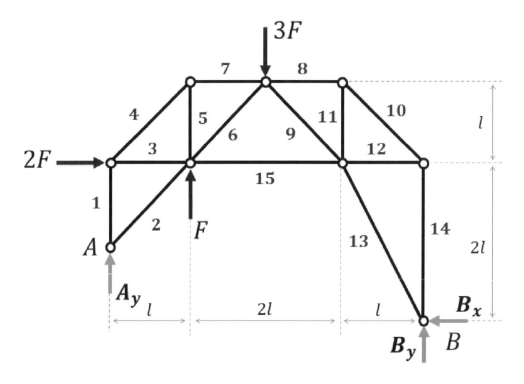

Abb. 7.2

Das ebene Stabwerk in **Abb. 7.2** ist ein spezielles System von miteinander verbundenen starren Körpern, bestehend aus 15 Stäben, die durch Gelenke zu einer starren ebenen Struktur verbunden sind.

Wichtig: Für die Ermittlung der Lagerkräfte behandeln wir das Fachwerk als starre Struktur, d.h. nur von außen wirkende Kräfte (Kräfte F_1, F_2 und F_3) und die Lagerkräfte (B_x, B_y und A_y)) sind für diese Berechnung relevant. Alle Stabkräfte sind für die Ermittlung der Lagerkräfte nicht relevant!

Dann haben wir die Kräfte B_x und B_y für das Festlager und die Kraft A_y für das Loslager definiert. Wir haben auch die Kräfte F_1, F_2 und F_3 durch die in der Aufgabe angegebenen Werte ersetzt, siehe obige Zeichnung.

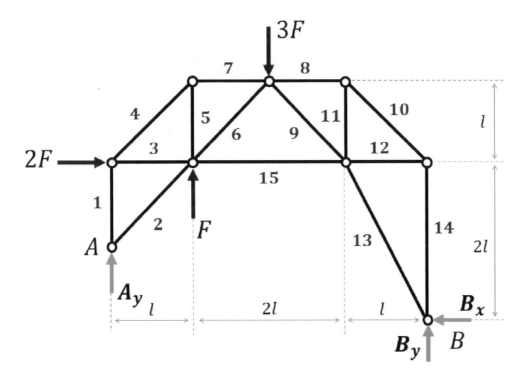

Abb. 7.2

Nun erstellen wir drei Gleichgewichtsgleichungen: Für die Kräfte in x-Richtung, in y-Richtung und eine Gleichung für die Drehmomente. Hier sind die ersten beiden:

$$\sum F_{ix} = 0 = 2F - B_x \tag{7.1}$$

$$\rightarrow B_x = 2F \tag{7.2}$$

$$\sum F_{iy} = 0 = A_y + F - 3F + B_y = A_y - 2F + B_y \tag{7.3}$$

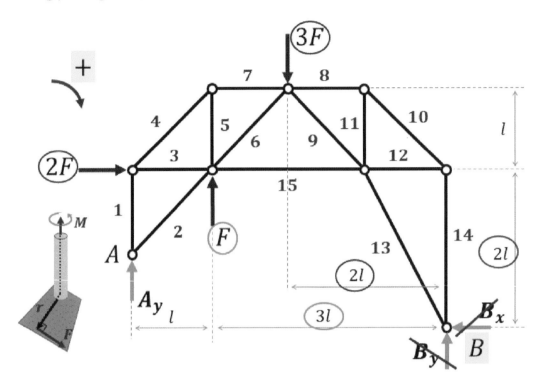

Abb. 7.3

Jetzt können wir weiter vorangehen und die Gleichung für die Drehmomente erstellen. Definieren wir den Bezugspunkt im Festlager (Punkt B), so können wir für die Drehmomente mehrere Kräfte aus der Gleichung eliminieren: Die Lagerkräfte B_x und B_y wirken am Bezugspunkt, deshalb ist der Abstand $r = 0$. So können wir diese Kräfte aus der Zeichnung entfernen, da sie für die Gleichung für die Drehmomente nicht relevant sind.

Mit Ausnahme der Kraft A_y haben wir die einwirkenden Kräfte und die entsprechenden Hebelarme farblich gekennzeichnet.

Nach allen zuvor diskutierten Regeln (siehe Aufgabe 1) und wenn wir die Drehung im Uhrzeigersinn erneut als positiv definieren, lautet die Gleichung für die Drehmomente:

$$\sum M^{(B)} = 0 = 2F \cdot 2l + F \cdot 3l - 3F \cdot 2l + A_y \cdot 4l = F \cdot l + A_y \cdot 4l \qquad (7.4)$$

Wir haben also drei Gleichungen ((7.1), (7.3) und (7.4)) mit drei Unbekannten B_x, B_y und A_y erhalten: Das heißt, das lineare Gleichungssystem ist lösbar!

$$\sum F_{ix} = 0 = 2F - B_x \tag{7.1}$$

$$\sum F_{iy} = 0 = A_y - 2F + B_y \tag{7.3}$$

$$\sum M^{(B)} = 0 = F \cdot l + A_y \cdot 4l \tag{7.4}$$

Das Lösen eines linearen Gleichungssystems kann auf verschiedene Arten erfolgen. Wir werden hier die Intuitivste verfolgen. Wir haben zuvor erhalten, dass die Gleichung (7.1) ergibt:

$$B_x = 2F \tag{7.2}$$

Nun ergibt die Gleichung (7.4) den Wert von A_y:

$$A_y = \frac{F \cdot l}{4l} = -0,25F \tag{7.5}$$

Damit ergibt die Gleichung (7.3) schließlich den Wert von B_y:

$$B_y = 2F - A_y = 2F - (-0,25F) = 2,25F \tag{7.6}$$

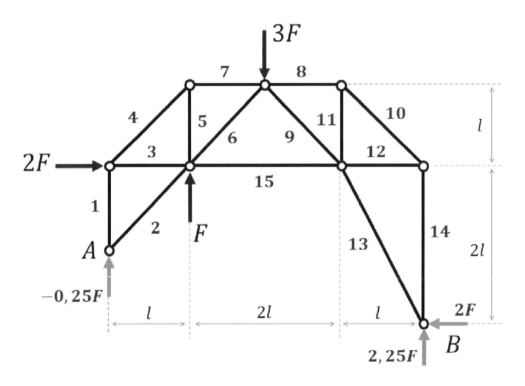

Abb. 7.4

Wir haben die Werte $B_x = 2F$, $B_y = 2,25F$ und $A_y = -0,25F$ in die Zeichnung eingegeben und können nun mit der Ermittlung der Stabkräfte beginnen.

Da in der Aufgabe alle 15 Stabkräfte zu bestimmen sind, wenden wir die Knotenmethode an. Für jeden Knoten, den Sie in der obigen Zeichnung sehen, bestimmen wir die beiden Gleichgewichtsgleichungen in x-Richtung und in y-Richtung für die Kräfte, die auf dieses Gelenk oder diesen Knoten wirken. Wir beginnen mit dem Knoten, der die Loslagerkraft A_y enthält, bewegen uns durch das Fachwerk von einem Knoten zum anderen und bestimmen alle Stabkräfte. Dann wird der letzte Knoten, der die Festlagerkräfte B_x und B_y enthält, zur Kontrolle unserer Berechnungen verwendet. Natürlich können die Berechnungen auch in umgekehrter Reihenfolge durchgeführt werden (wird hier nicht gezeigt, aber Du kannst es gerne versuchen): Beginne mit dem Knoten, der die Festlagerkräfte B_x und B_y enthält und bewege dich von einem Knoten durch das Fachwerk zu dem nächsten Knoten zur Bestimmung aller Stabkräfte. Dann wird der letzte Knoten, der die Loslagerkraft A_y enthält, zur Kontrolle der Berechnungen verwendet. Zunächst markieren wir alle Stabkräfte!

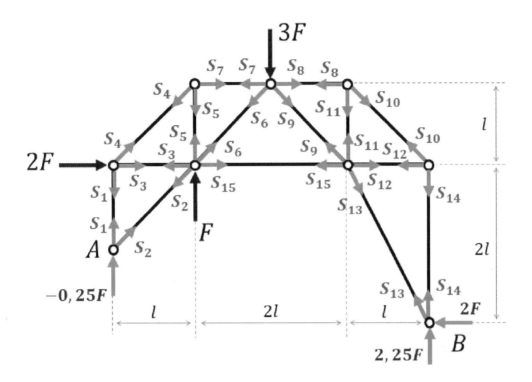

Abb. 7.5

Wir haben also alle Stabkräfte so markiert, dass wir die Knotenmethode anwenden können. Die Kräfte sind für jeden einzelnen Knoten markiert (wir haben 9 davon). Dies entspricht der Definition der 9 Teilsysteme, wobei jeder Knoten ein solches Teilsystem darstellt. Zwischen den Knoten oder Teilsystemen sollten alle Stabkräfte gemäß der Regel "actio" = "reactio" reagieren, was bedeutet, dass sie sich gegenseitig kompensieren sollten (siehe Zeichnung auf der nächsten Seite).

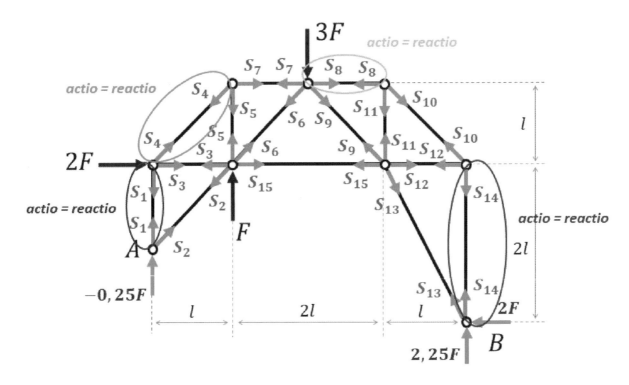

Abb. 7.6

Also haben wir alle Stabkräfte markiert. Da das Problem 15 Stäbe enthält, haben wir 15 entsprechende Stabkräfte, beginnend mit S_1 bis S_{15}.

Wir haben die "actio" = "reactio" -Regel für mehrere Stabkräfte markiert: S_1, S_4, S_8 und S_{14}, siehe obige Zeichnung. Das gleiche kann auch für jede andere Stabkraft gemacht werden.

Jetzt haben wir für alle 9 Knoten alle einwirkenden Kräfte markiert und damit die 9 Teilsysteme getrennt. Uns fehlen noch einige Informationen über die Winkel, unter denen die Stabkräfte wirken. Die Winkel werden wir zuerst bestimmen. Wenn dies erledigt ist, werden wir bereit sein, die Knotenmethode anzuwenden, um die Stabkräfte zu bestimmen.

Lass uns das machen!

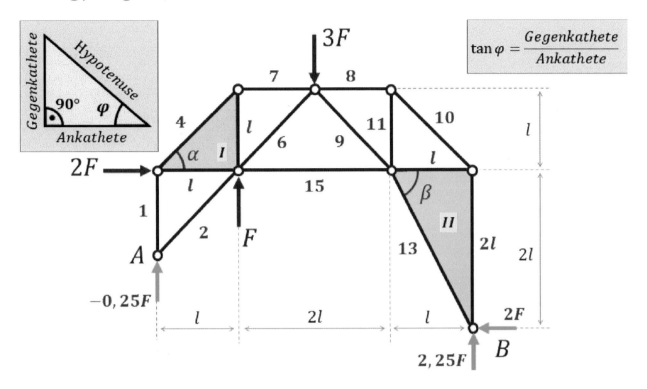

Abb. 7.7

Wir werden die beiden in der obigen Zeichnung markierten Dreiecke (das wäre das Dreieck **I** und das Dreieck **II**) berücksichtigen und die Winkel α und β bestimmen. Da beide Dreiecke rechtwinklige Dreiecke sind und die Länge des Gegenkathete und der Ankathete bereits in der Aufgabe angegeben ist, können wir **tan α** und **tan β** bestimmen und dann die Winkel α und β berechnen.

Dreieck **I**:

$$\tan \alpha = \frac{l}{l} = 1 \tag{7.7}$$

$$\alpha = \arctan(1) = 45° \tag{7.8}$$

Dreieck **II**:

$$\tan \beta = \frac{2l}{l} = 2 \tag{7.9}$$

$$\beta = \arctan(2) = 63,43° \tag{7.10}$$

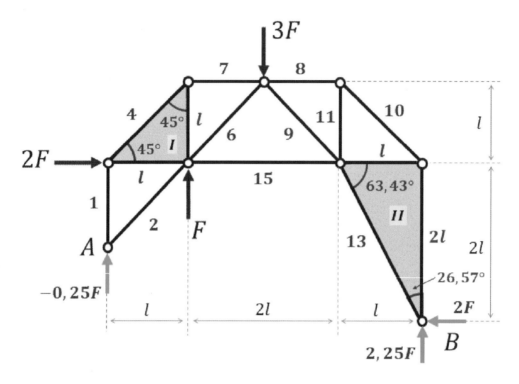

Abb. 7.8

Wir haben $\alpha = 45°$ und $\beta = 63,43°$ berechnet und diese Information in die Zeichnung eingegeben. Jetzt können wir den verbleibenden Winkel für beide Dreiecke berechnen.

Da die Summe aller Winkel im Dreieck gleich **180°** ist und einer der Winkel **90°** (rechtwinkliges Dreieck) und der andere Winkel der ist, den wir gerade berechnet haben (siehe vorherige Seite), können wir den verbleibenden Winkel berechnen.

Dreieck **I**:

$$180° - 90° - \alpha = 180° - 90° - 45° = 45° \tag{7.11}$$

Dreieck **II**:

$$180° - 90° - \beta = 180° - 90° - 63,43° = 26,57° \tag{7.12}$$

Diese Informationen haben wir bereits in die Zeichnung eingetragen! Ebenso ist es möglich, die Winkel für alle anderen Dreiecke zu berechnen oder nur die Informationen zu erweitern, da alle mit dem Dreieck **I** identisch sind, sind alle Winkel (natürlich mit Ausnahme der rechten Winkel) gleich **45°**.

266

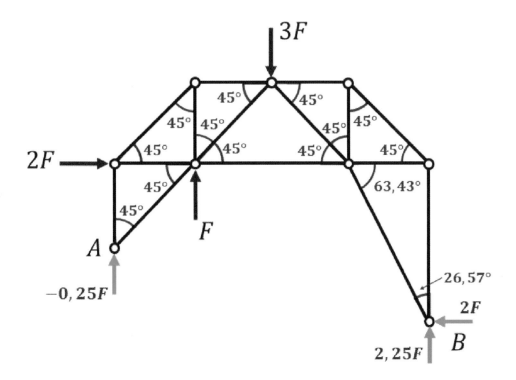

Abb. 7.9

Wir haben alle Winkel ermittelt und können nun die Knotenmethode anwenden, um die Stabkräfte zu berechnen.

Lass uns das machen!

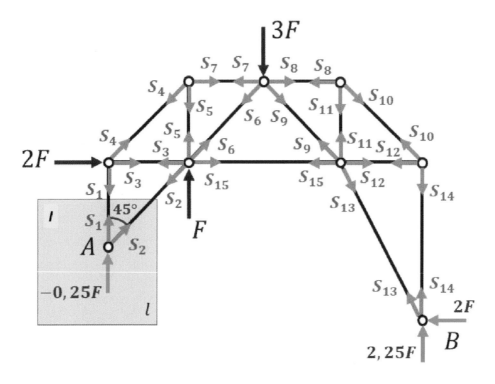

Abb. 7.10

Wir beginnen wie geplant mit dem Knoten **I**, derweil dieser Knoten die Loslagerkraft $A_y = -0,25F$ enthält.

Die Information über den entsprechenden Winkel haben wir aus der **Abb. 7.9** nur für diesen bestimmten Knoten. Wenn wir dies für alle Winkel und für alle Knoten gleichzeitig tun, ist die Zeichnung viel zu überfüllt.

Für den Knoten **I** bestimmen wir also die beiden Gleichgewichtsgleichungen in x-Richtung und in y-Richtung für die Kräfte, die auf diesen Knoten wirken, und bestimmen damit die dazugehörigen Stabkräfte.

Bevor wir dies tun, müssen wir drei Regeln über die Stäbe kennenlernen, die keine Kraft tragen, siehe nächste Seite!

268

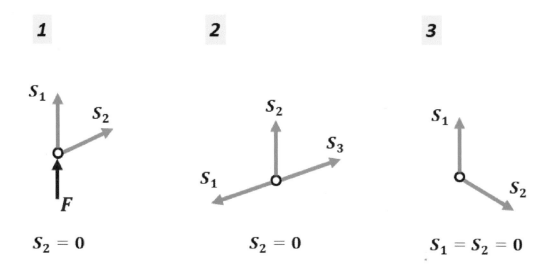

Abb. 7.11

Regel 1: Stimmt die von außen wirkende Kraft oder Lagerkraft mit der Richtung des Stabes selbst (oder mit der Richtung einer der Stabkräfte) überein oder wirkt sie völlig gleich, dann trägt der andere Stab keine Kraft und die entsprechende Stangenkraft ist gleich Null. Hier ist die äußere Kraft F ausgerichtet oder parallel zum Stab 1 und der entsprechenden Stabkraft S_1, was bedeutet, dass die andere Stabkraft $S_2 = 0$ ist.

Regel 2: Wenn drei Stäbe mit einem Knoten verbunden sind und zwei der Stäbe in derselben Richtung ausgerichtet sind, trägt der verbleibende Stab keine Kraft und die entsprechende Stabkraft ist gleich Null. Hier sind S_1 und S_3 in die gleiche Richtung ausgerichtet, was bedeutet, dass die verbleibende Stangenkraft $S_2 = 0$ ist.

Regel 3: Wenn zwei Stäbe mit einem Knoten verbunden sind und keine andere Kraft auf diesen Knoten wirkt, tragen beide Stäbe keine Kraft und die Stabkräfte sind $S_1 = S_2 = 0$.

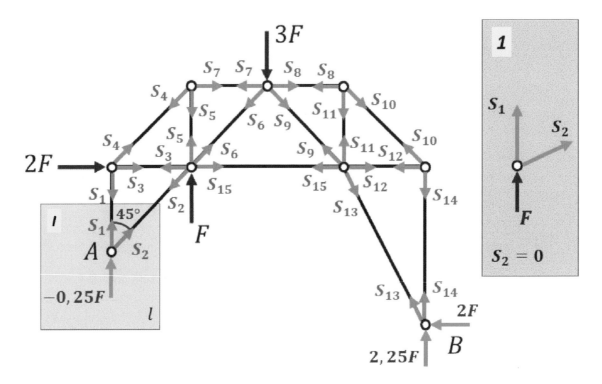

Abb. 7.12

Wenn wir die Kraftverteilung am Knoten **I** mit der Regel **1** vergleichen, können wir sofort den Stab identifizieren, der keine Kraft trägt!

Wir werden die Regel **1** für den Knoten **I** anwenden, so dass Du dies deutlich sehen kannst!

Regel 1 / Knoten *I*: Die Lagerkraft $A_y = -0,25F$ ist ausgerichtet oder wirkt in die Richtung, die mit der Richtung des Stabes 1 völlig identisch ist. Das heißt, der andere (Stab 2) trägt keine Kraft und die entsprechende Stabkraft ist gleich Null $S_2 = 0$.

Wichtig: Bevor Du die Stabkräfte bestimmst, versuch bitte, die Stäbe, die keine Kräfte tragen, gemäß den drei auf der vorherigen Seite beschriebenen Regeln auszuschließen. Das vereinfacht die Berechnungen!

Für unsere Aufgabe 7 gibt es keine anderen Stäbe, die keine Kräfte aufnehmen, also können wir jetzt damit beginnen, die Stabkräfte zu bestimmen!

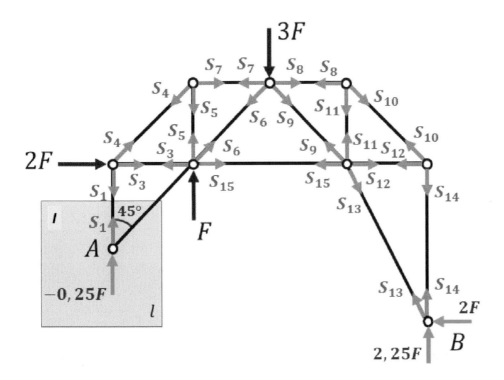

Abb. 7.13

Wir werden weiter mit dem Knoten **I** fortfahren, derweil dieser Knoten die Loslagerkraft $A_y = -0,25F$ und eine Stabkraft S_1 enthält.

Der andere (Stab 2) trägt keine Kraft und die entsprechende Stabkraft ist gleich Null $S_2 = 0$.

Für den Knoten **I** bestimmen wir also nur eine Gleichgewichtsgleichung in y-Richtung für die Kräfte, die auf diesen Knoten wirken, und damit die Stabkraft S_1.

$$\sum F_{iy} = 0 = -0,25F + S_1 \tag{7.13}$$

$$S_1 = 0,25F \tag{7.14}$$

Dieses Ergebnis nehmen wir in die Zeichnung auf und fahren mit dem nächsten Knoten fort!

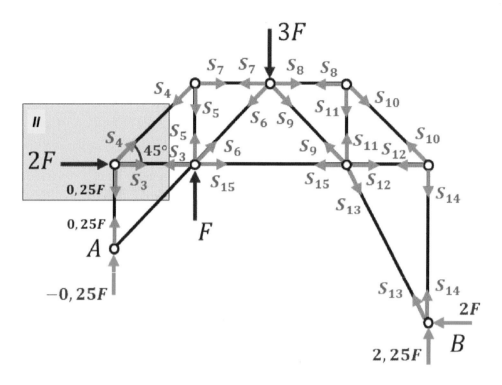

Abb. 7.14

Wir werden weiter mit dem Knoten **II** fortfahren, indes dieser Knoten die äußere Kraft **2F** und die Stabkräfte $S_1 = 0,25F$, S_3 und S_4 enthält.

Die Information über den entsprechenden Winkel haben wir aus der **Abb. 7.9** nur für diesen bestimmten Knoten.

Für den Knoten **II** werden also die beiden Gleichgewichtsgleichungen in x-Richtung und in y-Richtung für die auf diesen Knoten einwirkenden Kräfte ermittelt und damit die Stabkräfte S_3 und S_4 berechnet und in die Zeichnung eingetragen:

$$\sum F_{ix} = 0 = 2F + S_3 + S_4 \cdot \cos 45° \tag{7.15}$$

$$\sum F_{iy} = 0 = -0,25F + S_4 \cdot \sin 45° \tag{7.16}$$

$$\rightarrow S_4 = \frac{0,25F}{\sin 45°} = 0,35F \tag{7.17}$$

Dann wird die Gleichung (7.16) ergeben

$$S_3 = -2F - S_4 \cdot \cos 45° = -2F - 0,35F \cdot \cos 45° = -2,25F \tag{7.18}$$

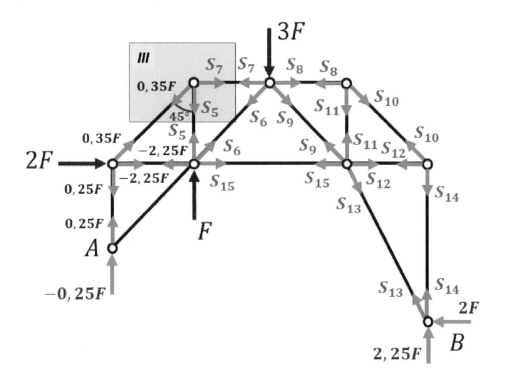

Abb. 7.15

Wir werden weiter mit dem Knoten **III** fortfahren, dieser Knoten enthält die Stabkräfte $S_4 = 0,35F$, S_5 und S_7. Die Information über den entsprechenden Winkel haben wir aus der **Abb. 7.9** nur für diesen bestimmten Knoten.

Für den Knoten **III** werden also die beiden Gleichgewichtsgleichungen in x-Richtung und in y-Richtung für die auf diesen Knoten einwirkenden Kräfte ermittelt und damit die Stabkräfte S_5 und S_7 berechnet und in die Zeichnung eingetragen:

$$\sum F_{ix} = 0 = S_7 - S_4 \cdot \sin 45° = S_7 - 0,35F \cdot \sin 45° \tag{7.19}$$

$$\rightarrow S_7 = 0,35F \cdot \sin 45° = 0,25F \tag{7.20}$$

$$\sum F_{iy} = 0 = -S_5 - S_4 \cdot \cos 45° = -S_5 - 0,35F \cdot \cos 45° \tag{7.21}$$

$$\rightarrow S_5 = -0,35F \cdot \cos 45° = -0,25F \tag{7.22}$$

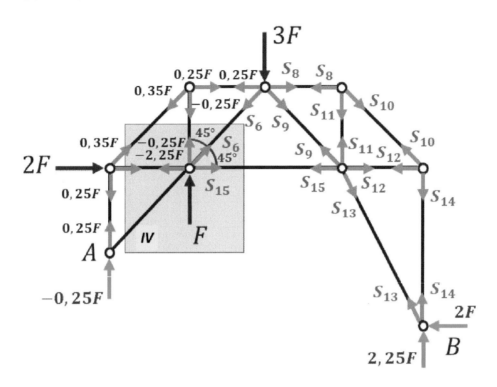

Abb. 7.16

Wir werden mit dem Knoten **IV** fortfahren, dieser Knoten enthält die Stabkräfte $S_5 = -0,25F$, $S_3 = -2,25F$, S_6 und S_{15} sowie eine externe Kraft F. Die Information über die entsprechenden Winkel haben wir erneut aus der **Abb. 7.9** nur für diesen bestimmten Knoten übertragen.

Für den Knoten **IV** bestimmen wir also die beiden Gleichgewichtsgleichungen in x-Richtung und in y-Richtung für die Kräfte, die auf diesen Knoten wirken, und bestimmen damit die Stabkräfte S_6 und S_{15} und tragen sie in die Zeichnung ein:

$$\sum F_{ix} = 0 = -S_3 + S_{15} + S_6 \cdot \cos 45° = 2,25F + S_{15} + S_6 \cdot \cos 45° \quad (7.23)$$

$$\sum F_{iy} = 0 = F + S_5 + S_6 \cdot \sin 45° = F - 0,25F + S_6 \cdot \sin 45° \quad (7.24)$$

$$\rightarrow S_6 = \frac{-F + 0,25F}{\sin 45°} = \frac{-0,75F}{\sin 45°} = -1,06F \quad (7.25)$$

Dann ergibt die Gleichung (7.23) das

$$S_{15} = -2,25F - S_6 \cdot \cos 45° = -2,25F - (-1,06F) \cdot \cos 45° = -1,5F$$

$$(7.26)$$

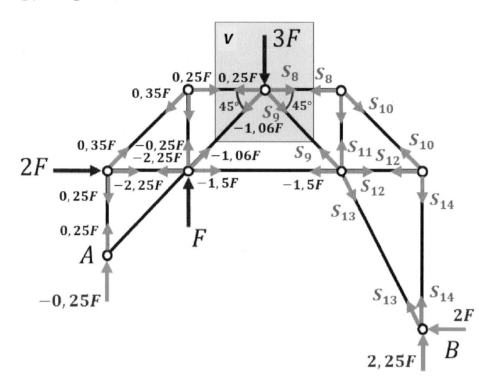

Abb. 7.17

Wir werden weiter mit dem Knoten **V** fortfahren, dieser Knoten enthält die Stabkräfte $S_7 = 0,25F$, $S_6 = -1,06F$, S_8 und S_9 sowie eine äußere Kraft **3F**. Die Angaben zu den entsprechenden Winkeln haben wir wieder der **Abb. 7.9** nur für diesen bestimmten Knoten entnommen. Für den Knoten **V** bestimmen wir also die beiden Gleichgewichtsgleichungen in x-Richtung und in y-Richtung für die auf diesen Knoten einwirkenden Kräfte und bestimmen damit die Stabkräfte S_8 und S_9 und tragen sie in die Zeichnung ein:

$$\sum F_{ix} = 0 = -S_7 + S_8 - S_6 \cdot \cos 45° + S_9 \cdot \cos 45° \tag{7.27}$$

$$\sum F_{iy} = 0 = -3F - S_6 \cdot \sin 45° - S_9 \cdot \sin 45° \tag{7.28}$$

$$\rightarrow S_9 = \frac{-3F - S_6 \cdot \sin 45°}{\sin 45°} = \frac{-3F - (-1,06F) \cdot \sin 45°}{\sin 45°} = \frac{-3F + 0,75F}{\sin 45°} = -3,18F \tag{7.29}$$

Dann wird die Gleichung (7.27) ergeben $S_8 = S_7 + S_6 \cdot \cos 45° - S_9 \cdot \cos 45° =$

$$0,25F - 1,06F \cdot \cos 45° + 3,18F \cdot \cos 45° = 1,75F \tag{7.30}$$

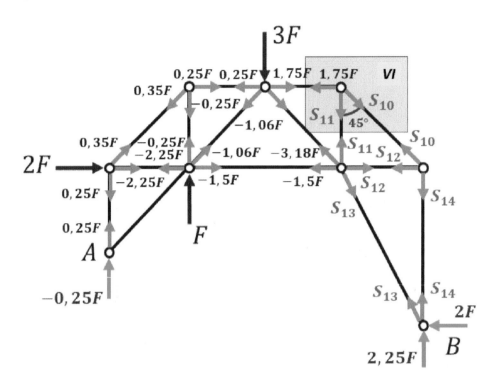

Abb. 7.18

Wir werden mit dem Knoten **VI** fortfahren, dieser Knoten enthält die Stabkraft $S_8 = 1,75F$, S_{10} und S_{11}. Die Information über den entsprechenden Winkel haben wir wieder der **Abb. 7.9** nur für diesen bestimmten Knoten entnommen. Für den Knoten **VI** bestimmen wir also die beiden Gleichgewichtsgleichungen in x-Richtung und in y-Richtung für die Kräfte, die auf diesen Knoten wirken, und bestimmen damit die Stabkräfte S_{10} und S_{11} und tragen sie in die Zeichnung ein:

$$\sum F_{ix} = 0 = -S_8 + S_{10} \cdot \sin 45° \tag{7.31}$$

$$\rightarrow S_{10} = \frac{S_8}{\sin 45°} = \frac{1,75F}{\sin 45°} = 2,48F \tag{7.32}$$

$$\sum F_{iy} = 0 = -S_{11} - S_{10} \cdot \cos 45 \tag{7.33}$$

$$\rightarrow S_{11} = -S_{10} \cdot \cos 45° = -2,47F \cdot \cos 45° = -1,75F \tag{7.34}$$

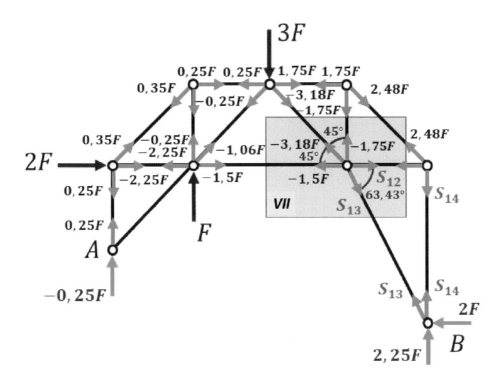

Abb. 7.19

Wir werden mit dem Knoten **VII** fortfahren, dieser Knoten enthält die Stabkräfte $S_9 = -3,18F$, $S_{11} = -1,75F$, $S_{15} = -1,5F$, S_{12} und S_{13}. Die Informationen zu den entsprechenden Winkeln haben wir aus **Abb. 7.9** wieder nur für diesen speziellen Knoten übertragen. Für den Knoten **VII** werden also die beiden Gleichgewichtsgleichungen in x-Richtung und in y-Richtung für die auf diesen Knoten einwirkenden Kräfte ermittelt und damit die Stabkräfte S_{12} and S_{13} ermittelt und in die Zeichnung eingetragen:

$$\sum F_{ix} = 0 = -S_{15} + S_{12} - S_9 \cdot \cos 45° + S_{13} \cdot \cos 63,43° \tag{7.35}$$

$$\sum F_{iy} = 0 = S_{11} + S_9 \cdot \sin 45° - S_{13} \cdot \sin 63,43° \tag{7.36}$$

$$\rightarrow S_{13} = \frac{S_{11} + S_9 \cdot \sin 45°}{\sin 63,43°} = \frac{-1,75F - 3,18F \cdot \sin 45°}{\sin 63,43°} = -4,47F \tag{7.37}$$

Dann wird die Gleichung (7.35) ergeben

$$S_{12} = S_{15} + S_9 \cdot \cos 45° - S_{13} \cdot \cos 63,43° = -1,5F - 3,18F \cdot \cos 45° +$$

$$4,47F \cdot \cos 63,43° = -1,75F \tag{7.38}$$

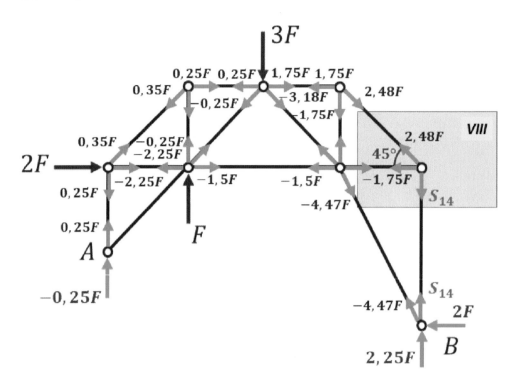

Abb. 7.20

Wir werden mit dem Knoten **VIII** fortfahren, dieser Knoten enthält die Stabkraft $S_{10} = 2,48F$, $S_{12} = -1,75F$ und S_{14}. Die Information über den entsprechenden Winkel haben wir wieder der **Abb. 7.9** nur für diesen bestimmten Knoten entnommen. Für den Knoten **VIII** werden wir also die beiden Gleichgewichtsgleichungen in x-Richtung und in y-Richtung für die auf diesen Knoten einwirkenden Kräfte bestimmen und somit die Stabkraft S_{14} berechnen, unsere Berechnungen lokal kontrollieren und die Ergebnisse in die Zeichnung eingeben:

$$\sum F_{ix} = 0 = -S_{12} - S_{10} \cdot \sin 45° = -(-1,75F) - 2,48F \cdot \sin 45° = 0 \quad (7.39)$$

Wie Du siehst, haben wir nach Einsetzen der Kräfte $S_{10} = 2,48F$, $S_{12} = -1,75F$ in Gleichung (7.33) wirklich Null erhalten, was beweist, dass unsere bisherigen Berechnungen korrekt sind!

$$\sum F_{iy} = 0 = -S_{14} + S_{10} \cdot \cos 45 \quad (7.40)$$

$$\rightarrow S_{14} = S_{10} \cdot \cos 45° = 2,48F \cdot \cos 45° = 1,75F \quad (7.41)$$

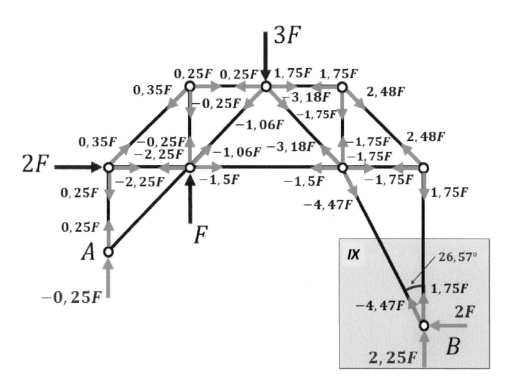

Abb. 7.21

Schließlich werden wir den Knoten **IX** verwenden, um die Berechnungen zu kontrollieren (dieser Lösungsschritt ist nicht obligatorisch). Dieser Knoten enthält die Stabkräfte $S_{13} = -4,47F$, $S_{14} = 1,75F$ sowie die Festlagerkräfte $B_x = 2F$ and $B_y = 2,25F$. Die Information über den entsprechenden Winkel haben wir wieder aus der **Abb. 7.9** nur für diesen bestimmten Knoten. Für den Knoten **IX** werden wir also erneut die beiden Gleichgewichtsgleichungen in x-Richtung und in y-Richtung bestimmen.

$$\sum F_{ix} = 0 = -B_x - S_{13} \cdot \sin 26.57° = -2F + 4,47F \cdot \sin 26,57° = 0 \qquad (7.42)$$

Wie Du siehst, haben wir nach Eingabe der Kräfte $S_{13} = -4,47F$ sowie $B_x = 2F$ in Gleichung (7.42) wirklich Null erhalten, was beweist, dass unsere Berechnungen korrekt sind!

Schließlich $\sum F_{iy} = 0 = S_{14} + S_{13} \cdot \cos 26,57° + B_y = 1,75F - 4,47F \cdot \cos 26,57° +$

$2,25F = 0 \qquad (7.43)$

Wie Du siehst, haben wir nach Einsetzen der Kräfte $S_{13} = -4,47F$, $S_{14} = 1,75F$ sowie $B_y = 2,25F$ in Gleichung (7.43) tatsächlich Null erhalten, was beweist, dass unsere Berechnungen korrekt sind richtig!

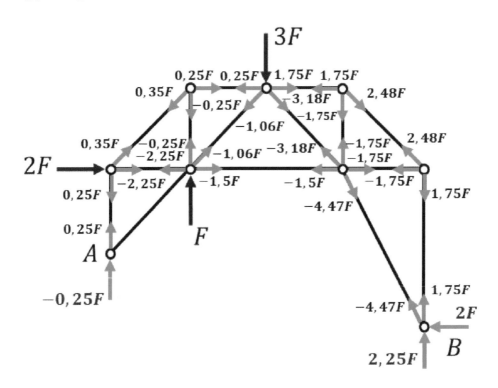

Abb. 7.22

Fassen wir also unsere Ergebnisse für die Lagerkräfte zusammen:

$$A_y = -0,25F \tag{7.5}$$

$$B_x = 2F \tag{7.2}$$

$$B_y = 2,25F \tag{7.6}$$

Sowie für die Stabkräfte:

$$S_1 = 0,25F \tag{7.14}$$

$$S_2 = 0 \tag{Rule 1}$$

$$S_3 = -2,25F \tag{7.18}$$

$$S_4 = 0,35F \tag{7.17}$$

$$S_5 = -0,25F \tag{7.22}$$

$$S_6 = -1,06F \tag{7.25}$$

$$S_7 = 0,25F \tag{7.20}$$

$$S_8 = 1,75F \tag{7.30}$$

$$S_9 = -3,18F \tag{7.29}$$

$$S_{10} = 2,48F \tag{7.32}$$

$$S_{11} = -1,75F \tag{7.34}$$

$$S_{12} = -1,75F \tag{7.38}$$

$$S_{13} = -4,47F \tag{7.37}$$

$$S_{14} = 1,75F \tag{7.41}$$

$$S_{15} = -1,5F \tag{7.26}$$

So haben wir (als richtig bewiesen) die Lagerkräfte und alle Stabkräfte ermittelt und damit die Aufgabe 7 erfolgreich gelöst ☺

Aufgabe 8

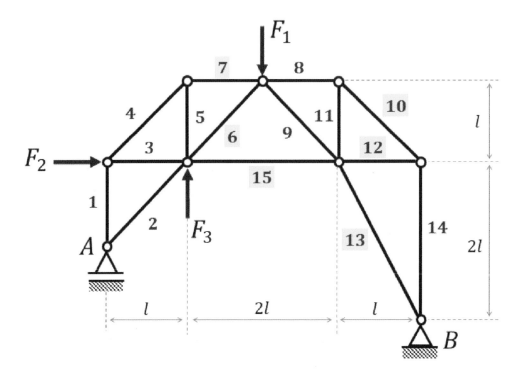

Abb. 8.1

*Aufgabe: Auf das ebene Stabwerk in **Abb. 8.1**, bestehend aus 15 durch Gelenke verbundenen Stäben, wirken drei Kräfte F_1, F_2 und F_3.*

- *Bestimme die Lagerkräfte,*
- *Bestimme die markierten Stabkräfte (Stäbe 6, 7, 10, 12, 13, 15).*

Gegeben: $F_1 = 3F$, $F_2 = 2F$, $F_3 = F$,   l.

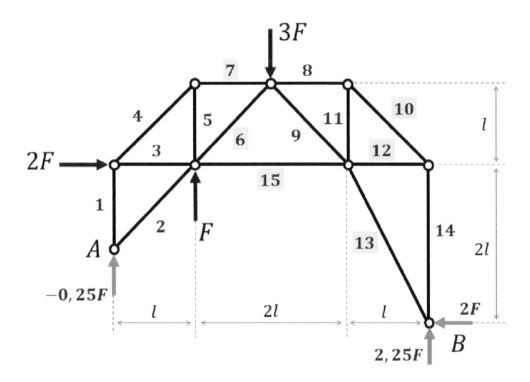

Abb. 8.2

Wie Du sehen kannst, besteht der Unterschied zwischen der Aufgabe 8 und der zuvor gelösten Aufgabe 7 nur darin, dass in der Aufgabe 8 nur bestimmte Stabkräfte berechnet werden müssen und nicht alle Stabkräfte, wie es in der Aufgabe zuvor der Fall war. Bezüglich der Lagerkräfte bleibt die Lösung gleich, so dass wir hier sofort die Ergebnisse einfügen können, die wir für die Lagerkräfte aus der Aufgabe 7 erhalten haben:

$$A_y = -0,25F \tag{7.5}$$

$$B_x = 2F \tag{7.2}$$

$$B_y = 2,25F \tag{7.6}$$

Die vollständige Lösung entnimm bitte der **Aufgabe 7**!

Nun können wir weiter vorgehen und die Stabkräfte für die Stäbe 6, 7, 10, 12, 13, 15 bestimmen!

Dazu werden wir nicht wie bisher die Knotenmethode anwenden, da wir dann zusätzlich alle nicht angeforderten Stabkräfte ermitteln, was zu zeitaufwändig wäre. Wir werden eine andere Lösungsmöglichkeit ausprobieren, den Ritterschnitt!

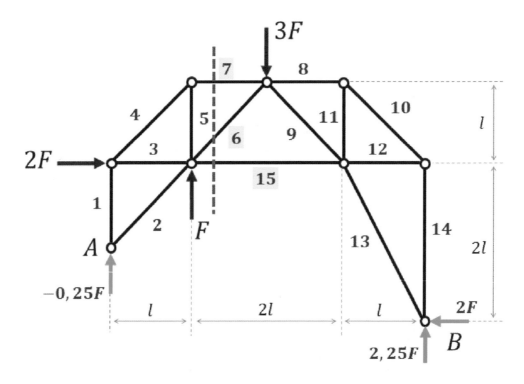

Abb. 8.3

Für den Ritterschnitt ist es wichtig, dass Du drei Stäbe (nicht mehr als drei gleichzeitig) durchschneidest, die die Kräfte übertragen. Zum Beispiel (siehe die Aufgabe 7) der Stab 2 trägt keine Kraft und würde für diese Lösung nicht relevant sein.

Also, weil wir die Stabkräfte S_6, S_7 und S_{15} bestimmen wollen, werden wir einen Schnitt durch diese Stäbe machen werden, siehe die Zeichnung oben!

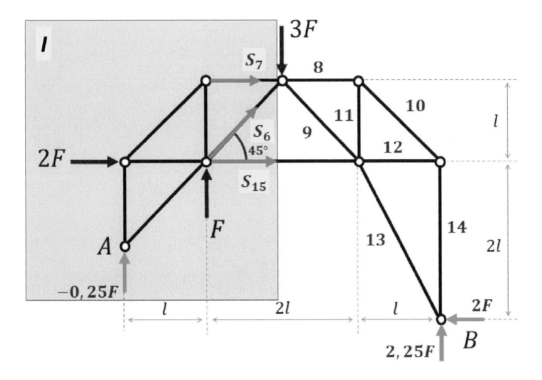

Abb. 8.4

Also werden wir jetzt drei Gleichgewichtsgleichungen erstellen: Für die Kräfte in x-Richtung, in y-Richtung und eine Gleichung für die Drehmomente. Wir werden die Stabkräfte S_6, S_7 and S_{15} bestimmen und die Ergebnisse, die wir erhalten, mit den Ergebnissen für die Stabkräfte S_6, S_7 and S_{15} vergleichen, die wir zuvor in Aufgabe 7 erhalten haben. Die Ergebnisse sollten identisch (oder zumindest vergleichbar) sein! Also machen wir das!

Hier sind die ersten beiden Gleichgewichtsgleichungen:

$$\sum F_{ix} = 0 = 2F + S_7 + S_6 \cdot \cos 45° + S_{15} \tag{8.1}$$

$$\sum F_{iy} = 0 = -0,25F + F + S_6 \cdot \sin 45° \tag{8.2}$$

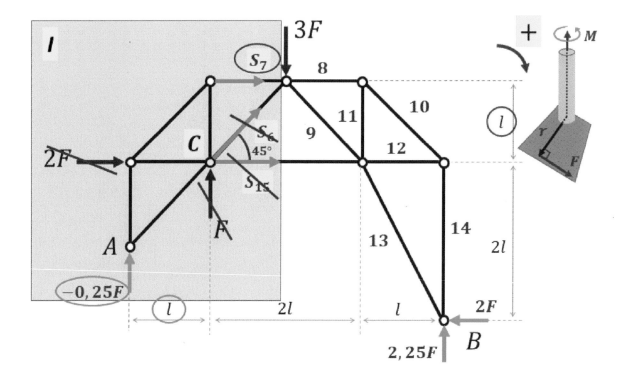

Abb. 8.5

Jetzt können wir die Gleichung für die Drehmomente bestimmen. Wir definieren den Bezugspunkt im Punkt C und vervollständigen mit der resultierenden Gleichung das lineare Gleichungssystem zur Berechnung der Lagerkräfte. Punkt C ist die beste Lösungsmöglichkeit für diese Aufgabe, da sofort mehrere Kräfte (S_6, S_{15} und $2F$) aus der Gleichung für die Drehmomente eliminiert werden. Wir haben zusätzlich entschieden, dass die Drehung im Uhrzeigersinn positiv ist, wie in der obigen Zeichnung gezeigt.

Jetzt können wir die Gleichung für die Drehmomente bestimmen: Hier haben wir alle verbleibenden wirkenden Kräfte und die entsprechenden Hebelarme farblich gekennzeichnet.

Also, nach allen zuvor diskutierten Regeln (siehe Aufgabe 1):

$$\sum M^{(C)} = 0 = -0,25F \cdot l + S_7 \cdot l \tag{8.3}$$

Lösung / Aufgabe 8

Wir haben also drei Gleichungen ((8.1), (8.2) und (8.3)) mit drei Unbekannten S_6, S_7 and S_{15} erhalten: Das heißt, das lineare Gleichungssystem ist lösbar!

$$\sum F_{ix} = 0 = 2F + S_7 + S_6 \cdot \cos 45° + S_{15} \qquad (8.1)$$

$$\sum F_{iy} = 0 = -0,25F + F + S_6 \cdot \sin 45° \qquad (8.2)$$

$$\sum M^{(C)} = 0 = -0,25F \cdot l + S_7 \cdot l \qquad (8.3)$$

Das Lösen eines linearen Gleichungssystems kann auf verschiedene Arten erfolgen. Wir werden hier die Intuitivste verfolgen. Wir haben zuvor erhalten, dass die Gleichung (8.3) ergibt:

$$S_7 = 0,25F \qquad (8.4)$$

Nun ergibt die Gleichung (8.2) den Wert von S_6:

$$S_6 = \frac{0,25F - F}{\sin 45°} = -1,06F \qquad (8.5)$$

Damit ergibt die Gleichung (8.1) schließlich den Wert von S_{15}:

$$S_{15} = -2F - S_7 - S_6 \cdot \cos 45° = -2F - 0,25F - (-1,06F) \cdot \cos 45° =$$
$$-1,5F \qquad (8.6)$$

Wenn wir nun diese Ergebnisse mit den Ergebnissen vergleichen, die wir in Aufgabe 7 erhalten haben:

$$S_6 = -1,06F \qquad (7.25)$$

$$S_7 = 0,25F \qquad (7.20)$$

$$S_{15} = -1,5F \qquad (7.26)$$

Wir können dann sehen, dass die Werte von S_6, S_7 und S_{15} in beiden Lösungen absolut identisch sind, wie es eigentlich sein sollte!

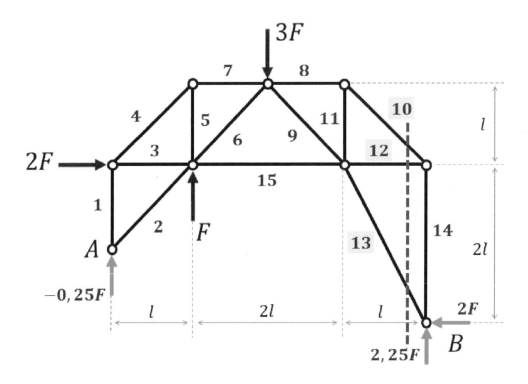

Abb. 8.6

So geht es weiter: Da wir noch die Stabkräfte S_{10}, S_{12} and S_{13} bestimmen müssen, werden wir einen Schnitt durch diese Stäbe machen, siehe obige Zeichnung!

Wir werden wieder drei Gleichgewichtsgleichungen erstellen: Für die Kräfte in x-Richtung, in y-Richtung und eine Gleichung für die Drehmomente.

Wir werden die Stabkräfte S_{10}, S_{12} und S_{13} bestimmen und die Ergebnisse, die wir erhalten, mit den Ergebnissen für die Stabkräfte S_{10}, S_{12} und S_{13} vergleichen, die wir zuvor in Aufgabe 7 erhalten haben. Die Ergebnisse sollten wieder dieselben sein! Also machen wir das!

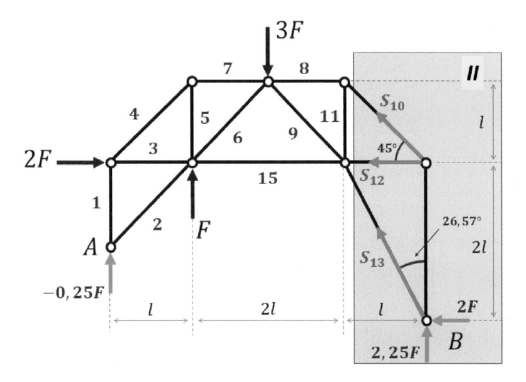

Abb. 8.7

Hier sind die ersten beiden Gleichgewichtsgleichungen:

$$\sum F_{ix} = 0 = -S_{12} - S_{10} \cdot \cos 45° - S_{13} \sin 26,57° - 2F \qquad (8.7)$$

$$\sum F_{iy} = 0 = S_{10} \cdot \sin 45° + S_{13} \cdot \cos 26,57° + 2,25F \qquad (8.8)$$

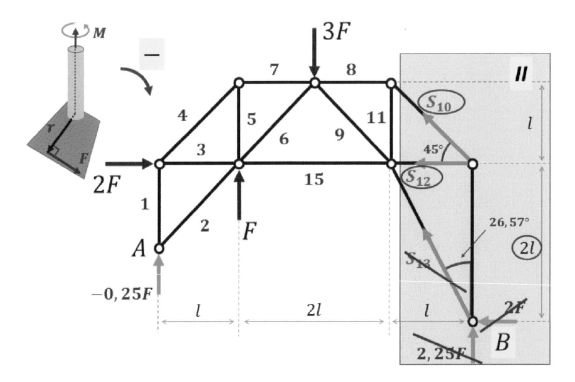

Abb. 8.8

Jetzt können wir die Gleichung für die Drehmomente bestimmen. Wir definieren den Referenzpunkt im Punkt **B** und verwenden die resultierende Gleichung, um das lineare Gleichungssystem zur Berechnung der Lagerkräfte zu vervollständigen. Punkt **B** ist die beste Lösungsmöglichkeit für dieses Problem, da sofort mehrere Kräfte (S_{13}, $2,25F$ und $2F$) für die Drehmomente aus der Gleichung eliminiert werden. Wir haben zusätzlich entschieden, dass die Drehung im Uhrzeigersinn nun negativ ist, wie in der obigen Zeichnung gezeigt. Jetzt können wir die Gleichung für die Drehmomente bestimmen: Hier haben wir alle verbleibenden wirkenden Kräfte und die entsprechenden Hebelarme farblich gekennzeichnet. Hier müsste für die Stabkraft S_{10} nur die x-Komponente $S_{10} \cdot \cos 45°$ berücksichtigt werden, da die y-Komponente der Stabkraft S_{10} parallel zum Hebelarm verläuft und somit kein Drehmoment erzeugt!

Also, nach allen zuvor diskutierten Regeln (siehe Aufgabe 1):

$$\sum M^{(B)} = 0 = S_{12} \cdot 2l + S_{10} \cdot \cos 45° \cdot 2l \tag{8.9}$$

Lösung / Aufgabe 8

Wir haben also drei Gleichungen ((8.7), (8.8) und (8.9)) mit drei Unbekannten S_{10}, S_{12} und S_{13} erhalten: Das heißt, das lineare Gleichungssystem ist lösbar!

$$\sum F_{ix} = 0 = -S_{12} - S_{10} \cdot \cos 45° - S_{13} \sin 26,57° - 2F \qquad (8.7)$$

$$\sum F_{iy} = 0 = S_{10} \cdot \sin 45° + S_{13} \cdot \cos 26,57° + 2,25F \qquad (8.8)$$

$$\sum M^{(B)} = 0 = S_{12} \cdot 2l + S_{10} \cdot \cos 45° \cdot 2l \qquad (8.9)$$

Das Lösen eines linearen Gleichungssystems kann auf verschiedene Arten erfolgen. Wir werden hier die Intuitivste verfolgen. Wir haben zuvor erhalten, dass die Gleichung (8.9) ergibt:

$$S_{12} = -S_{10} \cdot \cos 45° \qquad (8.10)$$

Wenn wir nun die Gleichung (8.10) in die Gleichung (8.7) eingeben, ergibt sich der Wert von S_{13}:

$$-(-S_{10} \cdot \cos 45°) - S_{10} \cdot \cos 45° - S_{13} \sin 26,57° - 2F = 0$$

$$S_{10} \cdot \cos 45° - S_{10} \cdot \cos 45° - S_{13} \sin 26,57° - 2F = 0$$

$$-S_{13} \sin 26,57° - 2F = 0$$

$$S_{13} = \frac{-2F}{\sin 26,57°} = -4,47F \qquad (8.11)$$

Wenn wir nun die Gleichung (8.11) in die Gleichung (8.8) eingeben, ergibt sich der Wert von S_{10}:

$$S_{10} \cdot \sin 45° + S_{13} \cdot \cos 26,57° + 2,25F = 0$$

$$S_{10} \cdot \sin 45° - 4,47F \cdot \cos 26,57° + 2,25F = 0$$

$$S_{10} = \frac{4,47F \cdot \cos 26,57° - 2.25F}{\sin 45°} = 2,48F \qquad (8.12)$$

Lösung / Aufgabe 8

Wenn wir nun die Gleichung (8.12) in die Gleichung (8.10) einsetzen, ergibt sich der Wert von S_{12}:

$$S_{12} = -S_{10} \cdot \cos 45°$$

$$S_{12} = -2,48F \cdot \cos 45° = -1,75F \tag{8.13}$$

Wenn wir nun die Ergebnisse, die wir jetzt erhalten haben:

$$S_{10} = 2,48F \tag{8.12}$$

$$S_{12} = -1,75F \tag{8.13}$$

$$S_{13} = -4,47F \tag{8.11}$$

mit den Ergebnissen, die wir in Aufgabe 7 erhalten haben, vergleichen:

$$S_{10} = 2,48F \tag{7.32}$$

$$S_{12} = -1,75F \tag{7.38}$$

$$S_{13} = -4,47F \tag{7.37}$$

Wir können dann sehen, dass die Werte von S_{10}, S_{12} und S_{13} in beiden Lösungen absolut identisch sind, wie es eigentlich sein sollte!

Wie Du gesehen hast, kann man, wenn nur ausgewählte Stabkräfte berechnet werden sollen, den Ritterschnitt verwenden, wie wir es bei der Lösung der Aufgabe 8 getan haben. Mit dieser Methode kann der Umfang der Berechnungen erheblich reduziert werden, um die Stabkräfte zu bestimmen!

Wir haben also die Lagerkräfte und die gewählten Stabkräfte ermittelt und damit das Problem 8 erfolgreich gelöst ☺

Fazit und Zukunftspläne

Herzlichen Glückwunsch, Du hast es bis zur letzten Seite geschafft! Wir hoffen, dass Du viel Spaß beim Lesen hattest und davon profitieren konntest. Wenn Du Fragen hast oder ein Feedback hinterlassen möchtest, schreibe bitte eine E-Mail an engineering_mechanics@mykomfortzone.com - wir werden uns so schnell wie möglich bei Dir melden. Du kannst auch gerne ein Feedback auf Amazon hinterlassen.

Wenn Du nun eine Klausur in technischer Mechanik schreibst, vergiss nicht, zunächst die einfachen Probleme zu lösen. Es ist möglicherweise eine gute Idee, vor der Prüfung eine Liste der Themen zu erstellen, in denen Du am stärksten bist. Auf diese Weise kannst Du auf schnelle Weise Punkte sammeln und den Rest der Zeit mit den schwierigeren Problemen verbringen. Vergiss auch nicht - falls Du nichts als Lösung schreibst, ist es für den Prüfer unmöglich, überhaupt Punkte zu vergeben. Auch ein Lösungsversuch kann einige Punkte bringen.

Wenn Du weitere Bücher über technische Mechanik suchst und Dir dieses Format gefällt, können wir Dir natürlich *Statik Teil 1* anbieten. Weitere zukünftige Bücher befassen sich mit *Spannung, Kinematik, Kinetik und Schwingungen*.

Und nun viel Glück und alles Gute,

Natalya Pertaya-Braun (Dr. rer. nat.) and Kai-Felix Braun (Dr. rer. nat.), Juli 2019.

Biographie

Natalya Pertaya-Braun (Dr. rer. nat.) ist eine hauptberufliche Dozentin, die Grundkurse für technische Mechanik, Thermodynamik, Elektrotechnik und Physik unterrichtet. Sie betreut Ingenieurstudenten während ihrer Bachelor- oder Masterarbeit. Sie ist Autorin von Studienheften zu Akustik und technischer Mechanik. Sie hat in experimenteller Physik promoviert. Mehrere Jahre internationaler Forschungsaufenthalte führten zu zahlreichen Veröffentlichungen in den Oberflächenwissenschaften und einer Spezialisierung auf Frostschutzproteine. Wenn sie nicht mit Unterrichten beschäftigt ist, kann man sie in der Natur spazieren gehen sehen, oder aber auch die Frankfurter Stadt genießen.

Kai-Felix Braun (Dr. rer. nat.) ist nebenberuflicher Dozent und unterrichtet auch Bachelor-Kurse in den Bereichen Mechanik, Thermodynamik, Physik und Matlab / Simulink. Er verfasste mehrere Studienhefte über technische Mechanik und Akustik. Seine Doktorarbeit erhielt er für eine Spezialisierung auf die Manipulation einzelner Atome mit einem Rastertunnelmikroskop. Er hat zahlreiche Publikationen zu oberflächenwissenschaftlichen Themen sowie zu Nanopartikeln verfasst und mitverfasst. Wenn er nicht unterrichtet oder mit seinem IT-Job beschäftigt ist, baut er Stirling-Motoren oder macht Musik.

Printed in Poland
by Amazon Fulfillment
Poland Sp. z o.o., Wrocław

56025331R10175